W0256982

C für die Automatisierungspraxis

Grundlagen – Algorithmen – Beispiele

Dipl.–Ing. Jörg Fiedler
Dipl.–Ing. Jörg F. Wollert

SPRINGER-VERLAG BERLIN HEIDELBERG GMBH

Die Deutsche Bibliothek — CIP-Einheitsaufnahme

Fiedler, Jörg:
C für die Automatisierungspraxis : Grundlagen - Algorithmen -
Beispiele / Jörg Fiedler ; Jörg F. Wollert.

ISBN 978-3-540-62334-2   ISBN 978-3-662-11284-7 (eBook)
DOI 10.1007/978-3-662-11284-7
NE: Wollert, Jörg F.:

ISBN 978-3-540-62334-2

Vorwort

Ziel des vorliegenden Werkes ist es, eine praxisorientierte Einführung in die Sprache C zu geben. Dabei geht es nicht um eine referenzartige Darstellung, sondern um das Erlernen der wesentlichen Sprachelemente mit möglichst geringem Zeitaufwand. Dazu wurde eine kompakte und übersichtliche Form der Darstellung gewählt. Um eine oftmals frustrierende Lernphase zu vermeiden, kommt besondere Beachtung den leider zahlreichen 'Fallstricken' der Sprache C zu.

Die Beispiele und Übungen stammen aus dem vielfältigen Problembereich der Automatisierungstechnik. Hierdurch wird erreicht, daß dem -mit einer konkreten Aufgabe betrauten- Programmierer oder Ingenieur, neben den eigentlichen Sprachkenntnissen, gleichzeitig die Grundfähigkeit zur Lösung seiner Probleme mit Hilfe der Programmiersprache C verliehen werden. Dennoch wurden die Beispiele so gewählt, daß sie von allgemeinem Interesse sind. Lediglich ein Minimum an technischem Verständnis wird vorausgesetzt.

Besonderer Wert wurde auf die Integration von praxisorientiertem Lernen und der Fähigkeit zur Problemlösung gelegt. Um dieses Ziel zu erreichen, werden im zweiten Teil des Buches Algorithmen und beispielhafte Problemlösungen aus der Automatisierungstechnik vorgestellt. Basis ist die -in mehreren Jahren gesammelte- Erfahrung aus der Erstellung industrieller Applikationen.

Bedanken möchten wir uns bei dem VDI-Verlag für seine Hilfe und Unterstützung. Besondere Erwähnung verdient Herr Prof. Dr.-Ing. K.W. Pleßmann, der uns, auch im Rahmen der gemeinsamen Tätigkeit am Lehr- und Forschungsgebiet für Verfahren der Prozeßdatenverarbeitung und Prozeßführung, umfassend mit dem Themengebiet der Automatisierungstechnik vertraut gemacht hat.

Viel Spaß und Erfolg im Umgang mit der Sprache C !

Aachen, im Mai 1993

Jörg Fiedler

Jörg F. Wollert

Inhaltsverzeichnis

Grundlagen der Sprache C 1

    Datentypen, Funktionen 4

    Datentypen 6

    Grundelemente eines C-Programms 18

    Präprozessor, Include-Dateien 26

    Operatoren 32

    Kontrollfluß 37

    Komplexe Datentypen 48

    Zeigerverarbeitung 72

    Zeichenketten 92

    Dynamische Speicherverwaltung 100

    Standardbibliothek 109

Algorithmen in der Automatisierungstechnik 137

    E/A Bausteine 137

    Der Timerbaustein 143

    Parallele Portbausteine 150

    Serielle Kommunikationsbausteine 163

    D/A und A/D Wandlerkarten 170

    Datenspeicher - Buffer 176

    Datenstrukturen 196

Statistik 210

Regler 212

Bedienerführung 225

Praktische Softwareentwicklung **236**

Häufige Fehlerquellen in der Praxis 237

Programmierstil 239

Modularisierung, abstrakte Datentypen 243

Anhang **255**

Register des Kommunikationsbausteins 8250 255

ANSI-C Funktionsübersicht 260

Erweiterte ASCII-Zeichentabelle (IBM-PC) 265

Lösungen zu den Übungsaufgaben 268

Literaturverzeichnis 273

Index 274

Grundlagen der Sprache C

Die Sprache C ist eine äußerst kompakte und leistungsfähige Programmiersprache. Ihre Eleganz, ihr faszinierendes Wesen bezieht sie gerade aus diesen Eigenschaften. Für den professionellen Programmierer bietet sich C daher als Werkzeug an.

So sehr der kompakte Charakter dem schnellen Erlernen dieser Sprache auch entgegen kommen mag, gerade dieser Punkt führt zu Fehlerquellen und schlecht wartbaren Programmen. Ziel der vorliegenden Einführung ist es nicht, einen möglichst eleganten und kompakten Programmierstil zu vermitteln, sondern es wird ein eindeutiger Schwerpunkt auf die Brauch- und Lesbarkeit der Beispiele gelegt.

Die vorliegende Einführung soll keines der verbreiteten Referenzwerke (z.B. /KER 88/) oder Übersetzerhandbücher (z.B. /BOR 91/) ersetzen. Sie bildet eine Ergänzung zu diesen Werken. Zur Bearbeitung wird das Vorhandensein eines dieser Hilfsmittel oder aber, noch besser, einer On-Line Hilfe zu dem eingesetzten Entwicklungssystem vorausgesetzt. Da ein Leitfaden zur Problemlösung erarbeitet werden soll, würde die Berücksichtigung aller Aspekte eher verwirrend wirken. Sollte die Einführung Punkte offen lassen oder nicht ausreichend betrachten, sei der Leser an dieser Stelle angehalten, einen Blick in eines der ergänzenden Werke oder der On-Line Hilfe zu werfen. Andererseits wird der Leser in diesem Buch Wissen finden, welches weit über die Darstellung in den ergänzenden Werken hinausgeht. Besonders hilfreich ist die Verfügbarkeit eines On-Line Hilfesystems, da dieses einen schnellen Zugriff auf das zu vertiefende Themengebiet erlaubt.

On-Line Hilfe

Die Einführung beruht auf dem ANSI-Standard. Die ANSI-Norm bietet gegenüber dem von K&R beschriebenen Sprachumfang einige wesentliche Verbesserungen, die bei der Sprachbeschreibung berücksichtigt wurden. Ein C-

ANSI-NORM

Programm besteht im allgemeinen aus den Quelldateien, welche mit den Dateierweiterungen *.C bzw. *.H versehen werden sollten.

Die Quelldateien sind reine Textdateien und werden mit Hilfe eines Editors erstellt. Aus den Quelldateien werden dann die sogenannten Objektdateien erzeugt. Dieser Vorgang wird vom Übersetzer (Compiler) vorgenommen.

In den Objektdateien ist der ausführbare Maschinencode enthalten. Um zu einem ausführbaren Programm zu gelangen, müssen die einzelnen Objektdateien zusammengefügt werden. Zu diesem Zweck dient der Binder, auch Linker genannt.

Laufzeit-bibliothek

Eine Sonderrolle nimmt die Laufzeitbibliothek ein. In ihr sind allgemein übliche Funktionen zum Beispiel zur Ein-/Ausgabe oder für mathematische Berechnungen enthalten. Die Laufzeitbibliothek wird im allgemeinen zu jedem C-Programm hinzugebunden.

Werkzeuge:

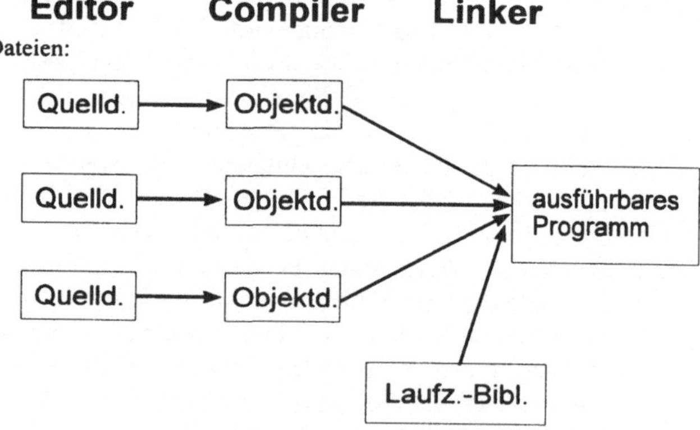

Abb. 1-1: Übersetzungsvorgang

In einer integrierten Entwicklungsumgebung werden die gesamten Werkzeuge innerhalb einer einheitlichen

Oberfläche zusammengefaßt. An dieser Stelle sei dem Leser angeraten sich mit den auf seinem System verfügbaren Werkzeugen (Compiler, Linker und Editor) vertraut zu machen.

Die kompakte Anlage von C drückt sich in den wenigen vorhandenen Schlüsselworten (keywords) aus. Diese Schlüsselworte sind als Name nicht zu verwenden. Namen werden in C u.a. für Variablen, Konstanten und Funktionen benutzt.

Namen

auto	double	int	struct
break	else	long	switch
case	enum	register	typedef
char	extern	return	union
const	float	short	unsigned
continue	for	signed	void
default	goto	sizeof	volatile
do	if	static	while

Abb. 1-2: Schlüsselworte

Namen bestehen aus Buchstaben, Ziffern und als Sonderzeichen dem Unterstrich '_'. Der erste Buchstabe eines Namens darf keine Ziffer sein. Namen, die als ersten Buchstaben einen Unterstrich aufweisen, werden generell für Systemfunktionen benutzt. Daher sollte zur Vermeidung von Namenskonflikten vom Anwender eines C-Übersetzers der Unterstrich als erster Buchstabe vermieden werden.

Wichtig ist, daß Klein- und Großbuchstaben in C generell unterschieden werden.

Datentypen, Funktionen

C gehört zu den strukturierten Programmiersprachen. Kennzeichen ist die Zerlegung des vorgegebenen Problems in Teilprobleme und Schnittstellen zwischen den einzelnen Teilproblemen. Als formales Hilfsmittel wird dazu in C auf Module und Funktionen zurückgegriffen. Zunächst soll das Hauptaugenmerk auf die Funktionen gelegt werden. Die Funktionen verarbeiten Daten, die als Eigenschaft einem Datentyp zugeordnet sind. Der Datentyp bestimmt die Struktur eines Datums. Neben der Datenverarbeitung besitzt in der Automatisierungstechnik die Ereignisverarbeitung einen hohen Stellenwert. Ereignisse werden mit Hilfe der Funktionen modelliert, wobei ein Datum als Ereignisspeicher dienen kann.

Bibliothek

Funktionen entsprechen von der grundlegenden Idee den Subroutinen und Prozeduren der anderen Programmiersprachen. In einer Funktion werden Operationen zu einer neuen Einheit zusammengefaßt. Eine neue Funktion greift insbesondere auch auf bereits vorhandenen Funktionen zurück. Diverse nützliche Funktionen werden mit jedem ANSI-konformen Übersetzer als Bestandteil der Laufzeitbibiliothek mitgeliefert. Die Laufzeitbibliothek ist Bestandteil der ANSI-Norm, da reines C ohne Laufzeitbibliothek lediglich rudimentäre Funktionalitäten bietet.

Funktionen

Funktionen sollten so gewählt sein, daß sie eine neue Funktionalität erfüllen. Jedoch sollte die Komplexität einer Funktion so gewählt sein, daß sie noch leicht zu verstehen ist. Sollte die Anforderung an eine Funktion steigen, ist es sinnvoll eine Aufteilung auf verschiedene Funktionen vorzunehmen. Dieses Vorgehen ist schon deshalb sinnvoll, da so ein größerer Vorrat an Funktionen geschaffen wird, der später anderen Funktionen wieder zur Verfügung steht.

Funktionen verrichten die eigentliche "Arbeit" in einem C-Programm. Sie führen letztendlich dazu, daß Operationen vom Rechenelement (Der Prozessor !) ausgeführt werden. Jede Funktion benötigt im allgemeinen, neben dem Code, einen Satz von Daten, mit dem die Operationen ausgeführt werden.

Um Funktionen flexibel einsetzen zu können, werden ihnen Daten als Parameter übergeben. Damit kann eine Funktion auf unterschiedliche Daten angewendet werden, ohne lediglich auf einen Satz allgemein verfügbarer Daten zurückgreifen zu können. Das Ergebnis der Verarbeitung kann über einen Rückgabewert mitgeteilt werden. Funktionen müssen im Programmtext aufgerufen werden. Ausnahme ist lediglich eine Funktion mit dem Namen `main()`, die mit dem Start des Programms zur Ausführung gebracht wird. Diese Funktion ist unbedingt für jedes C-Programm neu zu erstellen. Innerhalb der `main()`-Funktion können dann z.B. weitere beliebige Funktionen aufgerufen werden.

Datentypen

Der Prozessor sieht seine Daten lediglich als eine Kombination aus Bits, 8 Bits entsprechen dabei einem Byte. Er arbeitet auf der Basis der binären Logik. Dabei sind lediglich zwei Zustände, 0 oder 1, möglich. Dieses widerspricht der differenzierten Sichtweise des menschlichen Denkens. Um eine Abbildung der realen Welt auf den Lösungsraum vorzunehmen, ist es notwendig, leistungsfähigere Datentypen einzuführen. Mögen die im Rahmen dieses Buches vorgestellten Datentypen für die meisten Probleme der Automatisierungstechnik adäquat sein, für hochgradig komplexe Probleme, wie z.B. die Spracherkennung, sind sie es nicht.

C Datentypen lassen sich in zwei Bereiche teilen, die Basistypen und die hierauf aufbauenden komplexen Typen, die jedoch letztendlich aus Basistypen bestehen. Die Rückführung auf Basistypen ist immer möglich, da jeder, in einem komplexen Typ enthaltene komplexe Typ, irgendwann auf eine Kombination von Basistypen zurückzuführen ist.

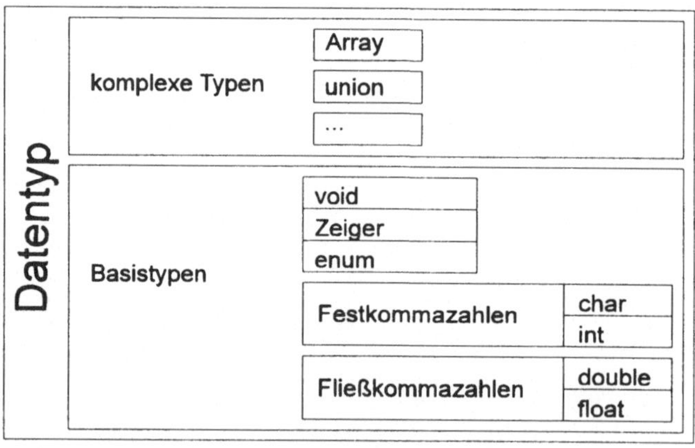

Abb.1-3: Datentypen in C

void

Eine Besonderheit ist der Datentyp void. Er wird immer dann verwendet, wenn von der Syntax bedingt ein Datentyp erforderlich ist, aber keine Angabe zu einem spezifischen Datentyp gemacht werden kann oder soll. Die anderen Basistypen haben einen skalaren Charakter, was bedeutet, daß jedem Datum genau ein Wert innerhalb einer linearen Skala zugeordnet ist. Damit sind z.B. Vergleiche (größer/kleiner, etc.) möglich.

Der wohl wichtigste Datentyp innerhalb der Festkommazahlen ist der Typ `int`. Nach der ANSI-Norm besitzt dieser Zahlentyp eine Breite von **mindestens** 2 Bytes, also 16 Bits. Eine Variable vom Typ `int` ist der natürlichen Registerbreite des Prozessors angepaßt. Auf 32-Bit Rechner wird daher ein 4-Byte Format gewählt werden. Da dieser Datentyp der Prozessorstruktur entspricht, kann von einer maximalen Verarbeitungsgeschwindigkeit ausgegangen werden. Dieser Umstand ist gerade für die Automatisierungstechnik von elementarer Bedeutung.

Festkomma-zahlen

Die Datenbreite von 16 Bits für ein `int` garantiert einen Wertebereich von -32768 bis 32767. In der Voreinstellung ist daher von einer vorzeichenbehafteten Zahl auszugehen. Bei Verwendung von Festkommazahlen ist generell eine Betrachtung erforderlich, ob der gültige Wertebereich nicht überschritten wird !

Sollte der Wertebereich nicht ausreichen, kann auf einen erweiterten Festkommatyp, dem `long int` ausgewichen werden. Dieser bietet eine Datenbreite von mindestens 32 Bits an. Das Schlüsselwort `long` ist ein Qualifizierer.

Weitere Qualifizierer sind `short` für eine 16-Bit Zahl und `unsigned` für eine vorzeichenlose Zahl. Sollte einer dieser Qualifizierer ohne weitere Angabe eines Datentyps verwendet werden, geht der Übersetzer automatisch von einem `int` aus.

Qualifizierer

Gemäß der ANSI-Norm existiert ein weiterer Qualifizierer `signed`, der eine vorzeichenbehaftete Darstellung garantiert.

Generell sollte die Datenbreite der einzelnen Datentypen anhand des Handbuchs des verwendeten Übersetzers verifiziert werden. Bei Portierungen auf andere Systeme ist insbesondere auf die unterschiedlichen Datenformate Rücksicht zu nehmen !

Datentyp	Datenbreite	Wertebereich
unsigned char		0 bis 255
(signed) char		-128 bis 127
enum		-32768 bis 32767
short (int), int		-32768 bis 32767
unsigned (int)		0 bis 65535
long		-2147483648 bis 2147483647
unsigned long		0 bis 4294967295

☐ 1 Byte   ▨ mit Vorzeichen

Abb. 1-4: Datenbreite des BORLAND C-Übersetzers

LIMITS.H

Unter Umständen kann es notwendig sein, die Wertebereiche der einzelnen Daten zur Laufzeit zu überprüfen. Damit lassen sich Bereichsüberschreitungen sicher erkennen und eine differenzierte Fehlerbehandlung einleiten, die nicht zwangsläufig den Abbruch des Programms zur Folge haben muß. In der Datei `limits.h` sind Symbole vorhanden, die die numerischen Werte der Bereichsgrenzen der einzelnen Typen abhängig von dem benutzten Übersetzer definieren. Diese Symbole sind für die Aufgabe der Wertebereichsüberprüfung von Daten unbedingt zu verwenden.

Buchstaben

Die Festkommazahlen ermöglichen die Darstellung von Zahlen mit beschränkter Genauigkeit. Für die Bedeutungswelt des menschlichen Benutzers spielen neben reinen Zahlen Buchstaben eine besondere Rolle. Durch eine Aneinanderreihung von mehreren Buchstaben lassen sich Informationen darstellen, die für den Bediener ohne weitere Hilfsmittel verständlich sind. Voraussetzung ist lediglich die Darstellbarkeit der Information als Text.

Für den Rechner müssen die einzelnen Buchstaben in einer kodierten Form abgelegt werden, da für den Rechner lediglich Kombinationen von Bits als Informationsträger in Frage kommen. Zur Repräsentation der lateinischen Buchstaben inklusive einiger Sonderzeichen ist eine 8-Bit Darstellung angemessen. Die 8-Bit Darstellung bietet sich deswegen an, weil es sich um eine in der Rechnerstruktur verankerte Grundgröße handelt.

Die Abbildung der Zeichen auf eine Zahl im Wertebereich von 0 bis 255 (ein Byte) muß nach einem eindeutigen Schlüssel erfolgen. Weit verbreitet ist die ASCII-Codierung (American Code for Information Interchange). Im Großrechnerbereich wird auch manchmal die von IBM geschaffene EBCDIC-Norm (Extended Binary Coded Decimal Interchange Code) verwendet.

ASCII

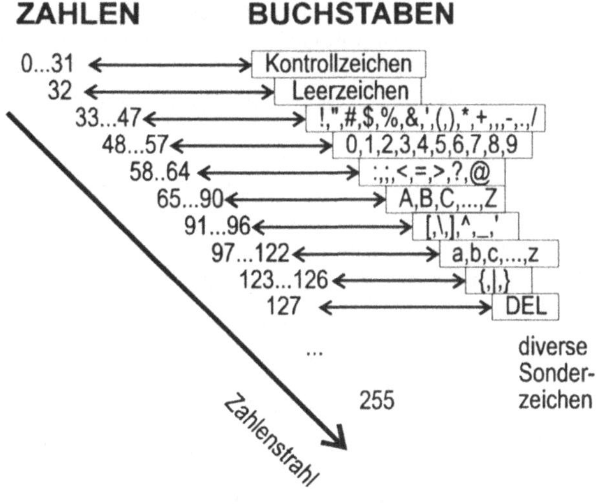

Abb. 1-5: ASCII-Code

In der ASCII-Codierung werden die 26 lateinischen Buchstaben zusammen mit einigen Sonderzeichen auf den Zahlenbereich von 0 bis 127 abgebildet. Der Bereich von 128 bis 255 ist undefiniert und wird von unterschiedlichen Systemen

Multibyte Buchstaben

für verschiedene Sonderzeichen benutzt. Die deutschen Umlaute sind u.U. in diesem Bereich zu finden. Für Personal Computer existiert u.a. der sogenannte erweiterte IBM Zeichensatz oder der dazu inkompatible ISO-Zeichensatz, der z.B. von der grafischen Benutzeroberfläche Windows der Firma Microsoft verwendet wird. Für Sprachen, die auf mehrere tausend Schriftzeichen basieren, wie z.B. die japanische, ist eine Byte-orientierte Darstellung vollkommen unzureichend. Aus diesem Grund unterstützt die ANSI-C Norm auch sogenannte Multibyte-Buchstaben. Dabei werden mehrere aufeinanderfolgende Bytes als ein Buchstabe interpretiert.

Fließkomma-zahlen

Mit Hilfe der bereits erwähnten Festkommazahlen kann prinzipiell jede gewünschte mathematische Operation mit beliebiger Genauigkeit ausgedrückt werden. Dazu kann z.B. eine gebrochen rationale Darstellung gewählt oder aber zu jeder Zahl ein Exponent mitgeführt werden. Viel einfacher ist es jedoch, ein Zahlenformat zu wählen, bei dem die Verwaltung des Exponenten und die notwendigen Normierungen bereits vom Übersetzer vorgenommen werden.

float, double

Genau dieses Verhalten weisen die Zahlen zur Unterstützung der Gleitkommaarithmetik vom Typ `float` und `double` auf. Generell ermöglicht der Typ `double` eine wesentlich größere Genauigkeit, benötigt jedoch zur Ablage eines Zahlenwerts mehr Speicher.

Die Zahl 12.25 als float-Darstellung:

0	11000100000000000000000000	100100

Abb. 1-6: Gleitkommadarstellung

Im Regelfall handelt es sich bei dem Typ `float` um eine 4 Byte breite (gleich 32 Bits) Darstellung, während für ein `double`, wie der Name schon impliziert, die doppelte Datenbreite gewählt wird.

Sollte die Machine einen dritten, erweiterten Gleitkommatyp z.B. mit 80 Bits Genauigkeit aufweisen, wird dieser mit Hilfe des ANSI-Schlüsselwortes `long double` deklariert. Dieses Format wird von einigen mathematischen Koprozessoren direkt unterstützt und sollte nach Möglichkeit bei diesen Maschinen anstelle von `double` verwendet werden.

long double

Datentyp	Datenbreite	Wertebereich
float	32 Bits	$3.4*(10^{-38})$ bis $3.4*(10^{+38})$
double	64 Bits	$1.7*(10^{-308})$ bis $1.7*(10^{+308})$
long double	80 Bits	$1.1*(10^{-4932})$ bis $1.1*(10^{+4932})$

Abb. 1-7: Format der Gleitkommazahlen

Wie auch bei den Festkommazahlen muß bei Verwendung von Fließkommazahlen peinlich genau auf eine Überschreitung der zulässigen Zahlenbereiche geachtet werden. Bei Fließkommazahlen ist das Problem in der Regel nicht die Überschreitung des maximalen Zahlenwertes, sondern die Einhaltung der geforderten Rechengenauigkeit. Abhilfe schafft hier eine günstigere Auslegung des verwendeten Algorithmus. Es gelten hier insbesondere die Gesetze der numerischen Mathematik !

Vor der Benutzung eines Datums müssen seine Eigenschaften dem System mitgeteilt werden. Diesen Vorgang nennt man Deklaration. Dabei kann z.B. ein Datum als Konstante deklariert werden, auf die lediglich lesenderweise zugegriffen werden kann. Dazu dient der Qualifizierer `const`. Der Qualifizierer wird generell dem Datentyp vorangestellt.

Konstanten

Wird ein Datum z.B. von externen Ereignissen über eine Unterbrechnung modifiziert, muß der Übersetzer von diesem Umstand informiert werden, da gewisse Optimierungsstrategien sonst zu fehlerhaften Ergebnissen führen. Für den betreffenden Wert ist der Qualifizierer `volatile` zu verwenden. Dabei handelt es sich um einen Spezialfall, der für allgemeine Anwendungen ohne Interesse ist.

Deklaration

Vor der Benutzung eines Datums muß dieses deklariert werden. Dabei wird ein Datentyp mit einem Namen verbunden.

```
int y;
```

Der Name des Datentyps wird dem des Datums vorangestellt. Im Beispiel wurde ein Datum mit dem Namen `y` und dem Datentyp `int` deklariert. Da es sich um eine C-Anweisung handelt, muß die Deklaration durch ein Semikolon `;` abgeschlossen werden.

Soll ein Datum direkt im Zuge der Deklaration initialisiert werden, kann diesem, während der Deklaration, ein Wert zugewiesen werden. Dieses ist bei Konstanten eine zwingende Voraussetzung, da der Wert eines solchen Datums später nicht mehr modifiziert werden kann.

```
int y=3;
float z=3.0; /* nicht z=3 ! */
const float pi=3.14;
```

Zahlenkonstanten

An dieser Stelle fällt auf, daß die Schreibweise der Zahlenkonstanten `3` bzw. `3.0` ihren Datentyp charakterisiert. Wird keine Nachkommastelle angegeben, so wird von einem ganzzahligen Datentyp ausgegangen. Ein Dezimalpunkt mit Nachkommastelle zeigt dem Übersetzer an, daß es sich um eine Fließkommazahl handelt.

Kommentare

Im Beispiel wurde die Möglichkeit eines Kommentars benutzt, um auf eine Besonderheit aufmerksam zu machen. Der Text `nicht z=3 !` wird von dem Übersetzer nicht beachtet, da er alle Zeichen, die sich zwischen den Zeichenkombinationen `/*` und dem nächsten `*/` befinden, als Kommentar auffaßt. Eine Schachtelung zweier Kommentare ist nicht möglich, da jedes */ einen Kommentar abschließt, unabhängig von der Anzahl der vorausgegangenen Zeichenkombinationen /*. Der Programmtext

```
/* Dieses ist ein Kommentar,
...
/* blah, blah */
der zu einem Fehler führt */
```

wird von dem Übersetzer daher nicht als syntaktisch korrekter C-Quelltext erkannt. Der Kommentar endet bei dem ersten auftretenden */ und die letzte Zeile wird als eine C-Anweisung aufgefaßt.

Funktionen müssen ebenso, wie Variablen, vor ihrer Benutzung deklariert werden. Dabei werden die Parameter und der Rückgabewert mit einem Datentyp verbunden. Für die Parameter kann innerhalb der Deklaration ein Name aufgeführt werden. Es handelt sich hierbei um einen Funktionsprototyp.

Funktionen

```
float mittelwert(int a, int b);
float oderaberso(int, int);
void druckeIntegerZahl(int);
```

Der Rückgabewert der beiden ersten Funktionen ist vom Typ `float`. Bei der Funktion `mittelwert` wurden die beiden Parameter (Typ `int`) mit einem Namen, a und b, versehen. Das abschließende Semikolon ist zwingend. Ist kein Rückgabewert erwünscht, kann der Typ `void` verwendet werden. Auch auf einen Parameter kann verzichtet werden. Kennzeichen für eine Funktion ist jedoch ein Klammernpaar, bestehend aus runden Klammern (). Damit werden Daten von Funktionen unterschieden. Zulässig ist jedoch der Datentyp `void` als Parameter oder aber das völlige Fehlen eines Parameters.

```
int leseMessWertA();
float leseMessWertB(void);
```

Anweisungen

Bei Funktionen reicht eine Deklaration nicht aus, es ist zusätzlich eine Definition des Funktionscodes notwendig. Dazu benötigt jede Funktion einen Block aus C-Anweisungen. Anweisungen sind u.a. Zuweisungen, wie:

```
y = 7;     /* Zuweisung */
```

oder aber Funktionsaufrufe.

```
druckeIntegerzahl(y);
```

Eine Kombination aus beiden Formen ist möglich, um einer Variablen den Rückgabewert einer Funktion zuzuweisen.

```
y = leseMessWertA();
```

Einen Funktionsaufruf erkennt man durch die Benutzung der Klammern (), dem Operator für den Funktionsaufruf. Die an eine Funktion übergebenen Werte sind in die Klammern einzusetzen. Mehrere Parameter werden durch ein Komma getrennt. Die Anzahl der Parameter und die Datentypen müssen mit den Angaben in der Deklaration der aufgerufenen Funktion übereinstimmen.

Block

Ein Block besteht aus einer Reihe von Anweisungen, die durch ein Paar geschweifter Klammern eingefaßt werden. Blöcke können wiederum Bestandteil eines anderen Blocks sein. Dieses ist für Programmschleifen etc. von Bedeutung. Ist im Programmtext syntaktisch eine Anweisung erforderlich, kann statt dieser zumeist auch ein Block verwendet werden.

```
float mittelwert(int a, int b)
  { float mw;
    mw = (float)a + (float)b / 2.0;
    return mw;
  }
```

Das Beispiel zeigt die Definition der Funktion `mittelwert()`, die zu der obigen Deklaration paßt. Die beiden Parameter sind unter den angegebenen Namen innerhalb der Funktion verfügbar. Am Anfang eines Blocks können neue, nur für den Block gültige Variablen deklariert werden (`float mw`).

Um den Rückgabewert mit der geforderten Genauigkeit berechnen zu können, müssen die beiden Variablen a und b vom Typ `int` in eine Fließkommazahl (Typ `float`) überführt werden. Diesen Vorgang nennt man Typkonvertierung oder engl. Casting. Dabei wird der gewünschte, neue Typ in Klammern vor das zu konvertierende Datum gesetzt.

**Typ-
konvertierung**

Eine Funktion endet mit der Ausführung der letzten Anweisung seines Blocks. Dabei wird kein Wert zurückgegeben. Soll ein Rückgabewert erstellt werden, muß eine Anweisung `return` mit dem nachfolgenden Wert in der Funktion vorhanden sein. Eventuelle Anweisungen nach einem `return` werden nicht mehr ausgeführt. Auf die Anweisung `return` kann auch ein Ausdruck folgen, so daß für das Beispiel die Variable mw entfallen kann und folgende Schreibweise möglich ist:

return

```
return((float)a + (float)b / 2.0);
```

Funktionen können nur außerhalb einer anderen Funktion deklariert und definiert werden. Ihre Gültigkeit ist immer auf die Datei beschränkt in der sie deklariert wurde. Variablen dagegen können an verschiedenen Stellen deklariert werden. Ihr Gültigkeitsbereich und ihre Lebensdauer hängen von dem Ort der Deklaration ab.

**Ort der
Deklaration**

Generell ist die Gültigkeit eines Datums auf den Bereich beschränkt, in dem sie deklariert wurde. Das bedeutet, daß ein Datum, außerhalb eines Blocks deklariert, global für alle Elemente der aktuellen Programmdatei sichtbar ist. Innerhalb eines Blocks bzw. Funktion deklariert, ist sie genau lokal für diesen Block oder ggf. Funktion gültig. Innerhalb eines Bereichs müssen eindeutige Namen verwendet werden. Liegt ein lokales Datum mit gleichem Namen wie ein globales Datum vor, wird das lokale Datum verwendet.

Gültigkeit

Funktionen können, im Gegensatz zu den Daten, nicht innerhalb einer anderen Funktion lokal deklariert oder definiert werden. Daher ist es notwendig, daß jede Funktion eines Programms einen eindeutigen Namen aufweist. Auch eine unterschiedliche Typisierung ändert an dieser Forderung nichts.

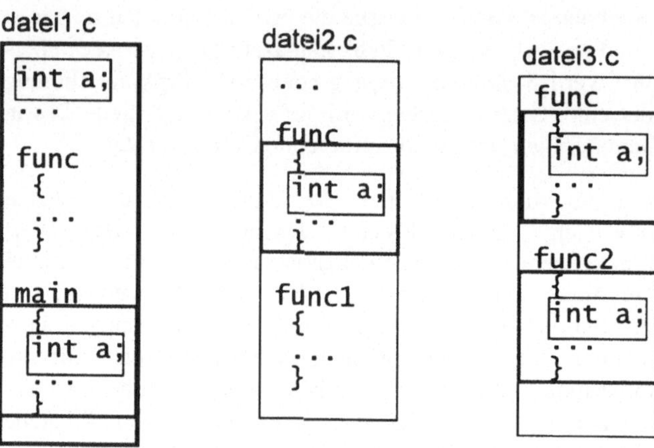

Abb. 1-8: Gültigkeit von Variablen

static

Die Lebensdauer eines globalen Datums ist an die Programmlaufzeit fest gekoppelt. Ein lokales Datum wird immer dann neu geschaffen, wenn die zu dem Block gehörige Funktion aufgerufen wird. Beim Verlassen der Funktion wird das betreffende Datum wieder entfernt. Damit verliert ein Datum, welches innerhalb eines Blocks deklariert wurde, bei einem erneuten Funktionsaufruf seinen Wert. Ist dieses Verhalten unerwünscht, kann über den Qualifizierer `static` der Variable eine mit den globalen Daten vergleichbare Lebensdauer verliehen werden.

Die Gültigkeit für als `static` deklarierte Variablen ist jedoch weiterhin auf den Block beschränkt, in dem die Deklaration erfolgt ist !

Findet eine direkte Initialisierung in der Form

```
static int a = 2;
```

statt, wird die Initialisierung nur einmal zum Zeitpunkt des Beginns der Variablenlebenszeit (=Programmstart) vorgenommen. Danach behält die Variable, auch bei einem erneuten Funktionsaufruf, ihren Wert.

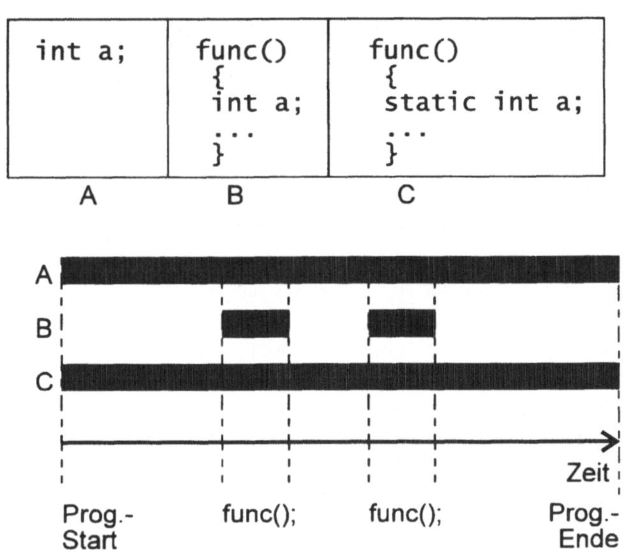

Abb. 1-9: Lebensdauer von Variablen

Beim Funktionsaufruf werden die Parameter mit konkreten Werten versehen. Der Funktionsaufruf

Funktionsaufruf

```
f = mittelwert(2,3);
```

führt dazu, daß der Variablen `f`, die vom Typ `float` sein muß, der Mittelwert von 2 und 3, also 2.5 zugewiesen wird.

Grundelemente eines C-Programms

An dieser Stelle soll ein erstes rudimentäres C-Programm erstellt werden. Die vorgestellten Grundelemente sollen den Leser in die Lage versetzen, selbst ein einfaches Programm zu schreiben. Ein vollständiges Verständnis ist an dieser Stelle nicht gefordert. Wichtig ist es jedoch, ein Gerüst mitzunehmen, welches es erlaubt, die im folgenden behandelten Beispiele praktisch umzusetzen.

Das Entscheidende eines Programms ist die genaue Vorstellung, welche Funktionalität ein Programm zu erfüllen hat. Danach ist eine geeignete Datenstruktur abzuleiten und die erforderlichen Funktionen zu entwerfen. Diese Arbeitsschritte sind Bestandteil der Analyse und des Designs von Software. Dieser komplexe und enorm wichtige Bestandteil der Softwareentwicklung kann hier leider nur angerissen werden. Im folgenden wird das Hauptaugenmerk auf die Umsetzung in Programmcode gelegt. Die sorgfältige Bearbeitung der Phasen Analyse und Design sind jedoch eine Grundvorausetzung für den erfolgreichen Einsatz von C. Daran sollte auch die Freude über ein, ohne ordentliche Analyse und Design, schnell erstelltes Programm nichts ändern.

Doch jetzt zu unserem ersten Programm. Typisch für ein Problem der Datenverarbeitung sind die Schritte

- Eingabe,

- Verarbeitung und

- Ausgabe.

Diese Schritte sollen in einem Beispiel vorgestellt werden. Leider gehört die Eingabe in C zu den anspruchsvolleren Operationen, da hier mit Zeigern gearbeitet werden muß. Daher wird dieses Thema zunächst nach der Art eines Rezeptes lediglich angerissen.

Problembeschreibung

Es sollen drei ganze Zahlen, Wertebereich 0 bis 20, von der Tastatur eingelesen und in einem nachfolgenden Schritt als

Balkendiagramm auf dem Bildschirm dargestellt werden. Die Balken sollen horizontal auf dem Bildschirm angeordnet werden und den Ziffernwert mit sich führen. Während in der Automatisierungstechnik Ein-/Ausgabe zumeist die Schnittstelle zum Prozeß bedeutet, steht hier die Kommunikation mit einem menschlichen Bediener im Vordergrund. Die Aufteilung in die einzelnen Schritte, Eingabe, Verarbeitung und Ausgabe, hilft bei der Suche von Funktionsgruppen.

Aus der Programmbeschreibung läßt sich ableiten, daß 3 Variablen vom Typ `int` erforderlich sind, um die eingegebenen Zahlen aufzunehmen. Der Wertebereich eines Datum vom Typ `int` deckt den der Anforderung vollständig ab und ist bezüglich der Zahlendarstellung ausreichend, da lediglich ganze Zahlen zu berücksichtigen sind.

Datenstruktur

Die wichtigste Funktion eines C-Programms ist die Funktion mit dem Namen `main()`. Sie wird bei Aufruf des Programms ausgeführt. Eine Deklaration dieser Funktion ist nicht nötig, wohl aber eine Definition. Die Definition enthält den eigentlichen Programmtext.

main()

```
int main()
  { int z1,z2,z3;
    z1=leseZahl();
    z2=leseZahl();
    z3=leseZahl();
    zeichneBalken(z1);
    zeichneBalken(z2);
    zeichneBalken(z3);
    return 0;  /* erfolgreicher Abschluss */
  }
```

Die Variablen $z1$, $z2$, $z3$ dienen zur Aufnahme der eingelesenen Werte. Da allein die Funktion `main()` mit diesen Zahlen umgehen soll, wurden die Variablen innerhalb von `main()` deklariert und sind daher auch nur innerhalb dieser Funktion sichtbar.

Funktionen

**Deklaration
von Funktionen**

Um einen einzelnen ganzzahligen Wert einzulesen, dient die Funktion `leseZahl()`, die als Rückgabewert die eingelesene Zahl zur Verfügung stellt. Nachdem alle drei Werte eingelesen worden sind, wird die Funktion zur Ausgabe eines Balkens für jede einzelne Zahl aufgerufen. Die entsprechende Funktion heißt `zeichneBalken()`. Sie erwartet als Parameter den auszugebenden Zahlenwert. Die Anweisung `return 0` am Ende der Funktion `main()` zeigt der aufrufenden Umgebung des Programms an, daß das Programm erfolgreich abgeschlossen wurde. Der Fehlerfall wird durch einen von Null verschiedenen Wert charakterisiert.

In der Funktion `main()` wurden die Funktionen `leseZahl()` und `zeichneBalken()` verwendet, ohne diese zu deklarieren. Im Rahmen der Deklaration sind der Rückgabedatentyp und die Datentypen des Parameters oder der Parameter zu spezifizieren. Die Funktion `leseZahl()` gibt ein Datum vom Typ `int` zurück und erwartet keinen Parameter. Anders `zeichneBalken()`, diese Funktion stellt keinen Rückgabewert zur Verfügung, benötigt jedoch einen Wert vom Typ `int` als Parameter. Da die Angabe eines Rückgabetyps für eine Funktion in C unerläßlich ist, wird der, für solche Situationen passende, Typ `void` verwendet.

```
int leseZahl();               /* Deklaration */
void zeichneBalken(int);   /* Deklaration */

main()                        /* Definition */
  { int z1,z2,z3;           /* Deklaration */
    z1=leseZahl();             /* Zuweisung */
    z2=leseZahl();
    z3=leseZahl();
    zeichneBalken(z1); /* Funktionsaufruf */
    zeichneBalken(z2);
    zeichneBalken(z3);
    return 0;
  }
```

Wird das Programm jetzt übersetzt und gebunden, kommt es zu einer Fehlermeldung innerhalb des Bindevorgangs. Die Funktionen `leseZahl()` und `zeichneBalken()` sind nicht vorhanden, da sie noch nicht definiert wurden. Die Deklaration bestimmt lediglich ihr Aussehen. Daher gilt es jetzt, die Definition dieser Funktionen zu ergänzen.

```
int leseZahl()
  { int z;
    scanf("%d",&z);
    return z;
  }
```

Definition einer Funktion

Zum Einlesen des ganzzahligen Wertes wird eine Funktion der Standardbibliothek mit dem Namen `scanf()` verwendet. Diese Funktion dient zum formatierten Einlesen von Daten. Als erster Parameter wird eine Zeichenkette erwartet, die das Format festlegt. Hier wird ein Datum mit der Charakteristik dezimale, ganze Zahl (`%d`) spezifiziert. Der zweite Parameter muß ein Zeiger auf die Stelle sein, in die eingelesen werden soll. Daher ist der Parameter nicht `z` sondern `&z`. Der Operator `&` ermittelt die Adresse bzw. den Zeiger eines Datums. Die letzte Anweisung der Funktion, `return`, veranlaßt den Übersetzer, den nachfolgenden Wert, hier `z`, als Rückgabewert zu verwenden.

scanf()

```
void zeichneBalken(int z)
  { unsigned int i;
    printf("\r\n");
    for(i=0;i<z;i++)
      { printf("*");
      }
    printf(" Wert:%d\r\n",z);
  }
```

Für die Ausgabe wird eine weitere Bibliotheksfunktion `printf()` eingesetzt. Diese Funktion erwartet zunächst eine Zeichenkette für das Ausgabeformat. Zeichenketten sind generell vorn und hinten durch ein Anführungszeichen " gekennzeichnet und beinhalten dazwischen beliebige Text-

printf()

zeichen, die auf dem Bildschirm dargestellt werden. Eine Besonderheit sind die Steuerzeichen, wie \r und \n, die bestimmte Funktionen auslösen. Hier handelt es sich um einen Wagenrücklauf bzw. einen Zeilenvorschub auf dem Terminal bzw. Bildschirm.

%d

Um einen Wert auszugeben, ist in die Formatzeichenkette ein Platzhalter einzusetzen. Diese Platzhalter beginnen generell mit dem Zeichen % und das nächste Zeichen bestimmt die Interpretation und Darstellung der auf die Formatzeichenkette folgenden Daten. Die Anzahl und Datentypen der auf die Formatzeichenkette folgenden Parameter müssen mit den Angaben in der Formatzeichenkette übereinstimmen.

for()

In unserem Beispiel wird bei der abschließenden `printf()`-Anweisung innerhalb der Formatzeichenkette ein Platzhalter (`%d`) verwendet, so daß ein weiterer Parameter von Typ `int` vorzusehen ist. Der Platzhalter `%d` veranlaßt die Ausgabe einer ganzen Zahl (Typ `int`) in dezimaler Schreibweise. Die Anweisung `for()` führt zu der Bildung einer Programmschleife, deren Laufvariable den Name i trägt. Das Abbruchkriterium ist i<z. Sobald dieser Ausdruck nicht mehr wahr ist, wird die Schleife abgebrochen. Die Anweisung i++ erhöht die Laufvariable bei jedem Schleifendurchgang um den Wert 1. Innerhalb der Schleife wird der auf `for()` folgende Block oder Anweisung ausgeführt. In unserem Beispiel wird ein einzelner Buchstabe, das Zeichen '*' ausgegeben.

Noch führt der Versuch, das Programm zu übersetzen, zu einer Fehlermeldung. Welche Elemente sind noch zu ergänzen oder zu modifizieren ? Zunächst wird keine Überprüfung auf eine gültige Eingabe vorgenommen. Hierauf kann zunächst verzichtet werden, da das mögliche Fehlverhalten semantischer und nicht syntaktischer Art ist. Generell gilt jedoch, daß bei allen Benutzereingaben eine derartige Überprüfung notwendig ist, da keine Garantie für die Fehlerfreiheit der Komponente Mensch gegeben ist.

stdio.h

Gravierender ist das Fehlen der Deklaration der Funktionen `scanf()` und `printf()` aus der Standardbibliothek, was bei ANSI-konformen Übersetzern zu einer Fehler-meldung und Abbruch des Übersetzungsvorgangs führt. Diese Deklaration ist in sogenannten Headerdateien ent-halten. Für die beiden Funktionen trägt diese den Namen `stdio.h`. Über die Präprozessoranweisung

```
#include <stdio.h>
```

ist diese vor der Benutzung der betreffenden Funktionen einzubinden. Das Programm ist damit komplett.

```
#include <stdio.h>

int leseZahl();
void zeichneBalken(int);

int leseZahl()
  { int z;
    scanf("%d",&z);
    return z;
  }

void zeichneBalken(int z)
  { unsigned int i;
    printf("\r\n");
    for(i=0;i<z;i++)
      {  printf("*");
      }
    printf(" Wert:%d\r\n",z);
  }

main()
  { int z1,z2,z3;
    z1=leseZahl();
    z2=leseZahl();
    z3=leseZahl();
    zeichneBalken(z1);
```

Das vollständige Programm

```
        zeichneBalken(z2);
        zeichneBalken(z3);
        return 0;
    }
```

Das Programm kann nun übersetzt, gebunden und ausgeführt werden. Wichtig ist die Berücksichtigung der Standardbibliothek während des Bindevorgangs. Die einzelnen Werte müssen über die Tastatur eingegeben werden. Auf die Einhaltung der Wertebereiche ist zu achten. Die einzelnen Zahlen können z.B. durch ein Leerzeichen oder die Eingabetaste (ENTER) getrennt werden. Sind drei Zahlen eingegeben worden, ist die Eingabe durch Betätigen der Eingabetaste abzuschließen, da erst hiernach die Auswertung beginnen kann. Dieses Verhalten hängt mit der Verwendung eines Puffers im Rahmen der Eingabe zusammen. Für manche Systeme ist anstelle der Steuersequenz \r\n lediglich \n zu verwenden, da u.U. sowohl \r als auch \n einen Zeilenvorschub vornehmen und so die Abstände zwischen den einzelnen Balken zu groß werden.

Übungsaufgabe 1

Erweitern Sie das Beispiel auf 4 Zahlen, die einzugeben und als Balkendiagramm darzustellen sind.

Übungsaufgabe 2

Es sollen auch größere Zahlen dargestellt werden. Der zu erwartende Wertebereich liegt zwischen 0 und 40000. Ist der Datentyp `int` ausreichend ?

Wenn nein, welcher Typ ist zu verwenden ?

Übungsaufgabe 3

Berechnen Sie zusätzlich zu dem ursprünglichen Beispiel den Mittelwert der eingegebenen Werte und stellen Sie diesen in Form eines weiteren Balkens dar. Hinweis: Eine Funktion `mittelwert()` ist bereits vorgestellt worden.

Übungsaufgabe 4

Der Mittelwert soll wie bei Aufgabe 3 berechnet werden. Die Darstellung des Mittelwertes soll jedoch nicht mit Hilfe eines separaten Balkens erfolgen, sondern durch einen Buchstaben M an der entsprechenden Position jedes Balkens angezeigt werden. Damit ergibt sich die folgende Bildschirmausgabe:

```
Eingabe:
2 8 4 6    (Mittelwert=5)

Ausgabe:
**   M Wert:2
****M*** Wert:8
****M Wert:4
****M* Wert:6
```

Präprozessor, Include-Dateien

Der Präprozessor der Sprache C hat verschiedene Aufgaben zu erfüllen. Kennzeichen des Präprozessors ist, daß er seine Arbeit vor dem eigentlichen Übersetzer aufnimmt. Der Präprozessor wird automatisch bei Aufruf des Übersetzers ausgeführt. Damit kann eine Bearbeitung lediglich auf Basis von reinem Text vorgenommen werden. Eine Berücksichtigung der C-Syntax ist nicht möglich, damit auch keine Beachtung z.B. des Vorrangs von Operatoren.

Die Aufgaben des Präprozessors lassen sich in drei Gebiete aufteilen:

- Makrosubstitution

- Einbinden von Quelldateien

- Bedingte Übersetzung

\ am Zeilenende

Alle Präprozessoranweisungen beginnen mit dem Buchstaben # als erstes Zeichen einer Zeile. Die Anweisung endet mit dem Ende der Zeile. Werden für eine Anweisung mehrere Zeilen benötigt, müssen diese durch den Buchstaben \ am Ende der noch nicht abgeschlossenen Zeilen gekennzeichnet werden. Ein \ am Ende einer Zeile verlängert generell diese um die nächste Zeile. Damit lassen sich z.B. auch lange Zeichenketten übersichtlich schreiben.

```
"Ich bin eine sehr, sehr, sehr, sehr lange\
        Zeichenkette !"
```

Makros

Makros erlauben den Ersatz eines Textes durch einen neuen Text. Dazu wird ein Name eines Makros mit einem Makrorumpf, dem neuen Text, verbunden. Der Name eines Makros sollte lediglich aus Großbuchstaben bestehen. Werden weiterhin für die Funktionen Kleinbuchstaben verwendet, ist ein einfacheres Verständnis des Programmtextes möglich. Diese Konventionen haben sich eingebürgert und sollten generell berücksichtigt werden.

Ein Makro wird durch die Anweisung `#define` eingeleitet. Danach folgt der Makroname. Die nun folgenden Zeichen bis zum Zeilenende bilden den Makrorumpf. Der Einsatz eines Makros ist z.B. dann sinnvoll, wenn für das gesamte Programm ein Zahlenwert durch ein Symbol ausgedrückt werden soll. Ein Feld soll eine bestimmte Länge annehmen. Die Präprozessoranweisung

```
#define FELDLAENGE 128
```

führt dazu, daß immer dann, wenn in dem nun folgenden Programmtext das Symbol `FELDLAENGE` verwendet wird, vor dem eigentlichen Übersetzungsvorgang anstelle des Symbols der Makrorumpf, also der Text `128` eingesetzt wird. Damit ist es möglich anstelle von

```
Feld[128];
...
if(i>128)
  ...
```

übersichtlicher

```
Feld[FELDLAENGE];
...
if(i>FELDLAENGE)
  ...
```

zu schreiben. Soll die Feldgröße geändert werden, muß in dem ersten Fall die Zahl `128` durch z.B. `256` ersetzt werden. Diese Änderung ist ggf. an vielen, weit über das Programm verstreuten Stellen vorzunehmen. Auch kann nicht generell über

```
#define 128 256
```

immer eine `256` anstelle von `128` eingesetzt werden, da im Programmtext die Zahl `128` durchaus eine andere sematische Bedeutung haben kann und derartige Änderungen fatale Folgen nach sich führen können. Einfacher ist das Vorgehen jedoch, falls **immer** dann, wenn die Länge des

Feldes gefragt ist, das Symbol FELDLAENGE verwendet wird. Damit beschränkt sich die Änderung auf die Modifikation der Makrodefinition:

```
#define FELDLAENGE 256
```

Makroname

Ein Makro mit dem Namen 128 ist nicht zulässig, da 128 kein gültiger Makroname ist. Ein Makroname muß einen Buchstaben als erstes Zeichen aufweisen. Das Beispiel zeigt jedoch welche Verwirrung ein Makro innerhalb eines Programms anrichten kann. Daher sind Makronamen mit Bedacht zu wählen und die Konvention der konsequenten Großschreibung einzuhalten, um dem Betrachter eines Programms klar zu signalisieren: Achtung hier wurde ein Makro verwendet !

Ansonsten kann es schwer werden, Fehler innerhalb einer Makrodefinition zu lokalisieren. Generell sollten keine komplexen C-Anweisungen in Makros untergebracht werden. Die Fehlersuche kann in diesem Fall überhand nehmen und C bietet für diese Fälle die Möglichkeit der Verwendung einer Funktion.

Häufige Fehlerursache ist der Abschluß einer Makrodefinition durch ein Semikolon (;). In den meisten Fällen bleibt dieser Fehler unentdeckt, da lediglich eine Leeranweisung ohne Funktion eingeführt wurde. Es sind jedoch unter Umständen fatale Folgen möglich, die erst nach langwieriger Fehlersuche behoben werden können. Das Gleiche gilt für Makrodefinitionen der Form

```
#define FELDLAENGE = 128
```

Hier wird der Text FELDLAENGE durch den Text '= 128' ersetzt. Noch problematischer wird es, wenn der Vorrang von Operatoren zu berücksichtigen ist. Werden Operatoren in Makros verwendet, sollte generell der komplette Ausdruck in Klammern gesetzt werden.

Die Verwendung von Makros anstelle von Funktionen bietet den Vorteil der Optimierung der Geschwindigkeit, da jeder Funktionsaufruf einen gewissen Overhead verursacht. An dieser Stelle soll jedoch nochmals vor dem Einsatz komplexer Makros gewarnt werden. Sinnvoll und gefahrlos anzuwenden sind lediglich simple Formen. Nach Möglichkeit sollte immer auf die sicherheitsfördernden Mittel des Übersetzers, wie Typprüfung, etc. vertraut werden. Und genau diese werden von dem Präprozessor unter Umständen ausgehebelt.

Das Beispiel der Headerdatei `stdio.h` hat gezeigt, daß es sinnvoll ist, Informationen über die Deklaration von Funktionen mit allgemeiner Gültigkeit in separate Dateien zu fassen. Damit muß nicht die Deklaration einer in einer anderen Datei oder Bibliothek enthaltenen Funktion neu aufgeschrieben werden, sondern es reicht das Einbinden einer Datei, welche diese Information enthält.

Einbinden von Quelldateien

Neben den Deklarationen ist es sinnvoll, z.B. Makrodefinitionen allgemein verfügbar zu machen. Den Mechanismus zum Einbinden einer anderen Datei stellt die Präprozessoranweisung `#include` zur Verfügung. Soll eine Headerdatei eingebunden werden, die der Standardbibliothek angehört, lautet die komplette Anweisung für die Datei `stdio.h` :

#include

```
#include <stdio.h>
```

Die Angabe des Dateinamens in einem Rahmen von Kleiner-/Größerzeichen zeigt an, daß die Datei in den Standard Include-Verzeichnissen zu finden ist. Hier befinden sich z.B. alle Headerdateien zu der Standardbibliothek. Werden Headerdateien für eigene Bibliotheken oder Funktionen erstellt, sind diese Dateien zumeist in dem aktuellen Arbeitsverzeichnis abgelegt. Zur Angabe dieses Suchpfades wird der Name der einzubindenen Datei in Anführungszeichen gesetzt.

Suchpfad

```
#include "myDeklar.h"
```

Nicht gedacht ist die Include-Anweisung, um ein großes Programm aus mehreren Programmteilen zusammenzusetzen, obwohl dieses technisch möglich wäre. Nachteilig ist bei diesem Vorgehen, daß die Bildung von Modulen mit genau zugeordneten Funktionen und Datenbereichen nicht möglich ist.

Gerade dieses Prinzip der Kapselung von selbstständigen Einheiten erlaubt die sichere Beherrschung komplexer Programme. Für die Aufteilung eines Programms in einzelne Dateien und das Binden über den Linker spricht, daß so einzelne Dateien nur übersetzt werden müssen, wenn diese geändert wurden. Alle über die Include-Anweisung eingebundenen Dateien werden in jedem Fall neu übersetzt, was zu langwierigen Übersetzungsläufen auch bei kleinsten Modifikationen führt.

Bedingte Übersetzung

Ein Programm soll möglichst universell eingesetzt werden. Dazu ist es wünschenswert, eine Portabilität auf verschiedene Übersetzer und Zielmaschinen zu erreichen. Die dazu notwendigen Änderungen sollten in einen Quelltext eingesetzt werden, um nicht verschiedene Implementationen warten zu müssen. Es ist also notwendig, abhängig von der Zielumgebung, Änderungen im zu übersetzenden Quelltext anzugeben. Den erforderlichen Mechanismus bietet die bedingte Übersetzung.

```
#define BC              /* BorlandC-Übersetzer */
...
#ifdef BC
  #define ULONG unsigned long /* 4 Bytes */
#else
  #define ULONG unsigned int  /* 4 Bytes */
#endif
```

#ifdef

Die bedingte Übersetzung wird von der Anweisung `#ifdef` eingeleitet. Ist das auf diese Anweisung folgende Symbol im Vorfeld mittels `#define Symbol` eingeführt worden, wird der Text bis zur nächsten Präprozessoranweisung `#else` oder `#endif` übersetzt. Ist ein `#else`-Teil vorgesehen, werden die Programmzeilen bis zum nächsten `#endif` dem Übersetzer zur Bearbeitung vorgelegt, wenn das Symbol nicht definiert wurde. Die Angabe eines `#else`-Zweiges ist optional.

Sinnvoll einzusetzen ist die bedingte Übersetzung auch immer dann, wenn ein Programm verschiedene Aufgaben erfüllen soll. Damit kann z.B. eine Demoversion mit eingeschränkten Eigenschaften aus dem Originalprogramm abgeleitet werden oder aber es ist notwendig, auf unterschiedliche Konfigurationen der Zielumgebung zu reagieren. In dem folgenden Beispiel wird in der Testphase ein Wert nicht über die Prozeßperipherie eingelesen, sondern vom Programm simuliert. Dieses Vorgehen bietet sich an, da während der Programmerstellung nur in den seltensten Fällen eine komplette Prozeßumgebung zur Verfügung steht.

```
#ifdef TEST
  int leseADU()
    { return 100;
    }
#else
  int leseADU()
    { setzeMultiplexer();
      starteWandlung()
      while(!wertVorhanden();
        warte();
      return leseWert();
    }
#endif
```

Wird über `#define TEST` das Symbol `TEST` definiert, wird für die Definition der Funktion zum Lesen der Prozeßperipherie `leseADU()` lediglich eine Simulation angeboten. Hier können z.B. auch Zufallswerte generiert oder aber Testwerte aus einem Datenfeld gelesen werden. In dem Beispiel wird jedoch permanent ein fester Wert dem System vorgespiegelt. Zur Anwendung des Mechanismus der bedingten Übersetzung ist jedoch, wie der Name impliziert, bei Änderungen eine Neuübersetzung unumgänglich. Eine Alternative besteht ggf. in der bedingten Konfiguration des Bindevorgangs.

Operatoren

Operatoren sind die ausführenden Organe der Programmiersprachen. Der schon bekannte Operator ( ) ist verantwortlich für den Funktionsaufruf und der Operator = führt eine Zuweisung durch. Daneben existieren noch eine ganze Reihe weiterer Operatoren zur Berechnung arithmetischer Ausdrücke, dem Vergleich zweier Operanden, usw. . Eine Eigenschaft von Operatoren steht damit fest. Es müssen ein oder auch mehrere Operanden vorhanden sein, auf die die Operation angewandt wird. Weiterhin ist wichtig, ob die Auswertung der Operanden in bezug auf den Operator von links nach rechts oder umgekehrt vorgenommen wird.

Wichtig für den Gebrauch der Operatoren ist der Aspekt des Vorrangs. Der Vorrang von Operatoren ist immer dann wichtig, wenn in einer Anweisung mehr als ein Operator zu finden ist. In diesem Fall wird von dem üblichen Prinzip der Ausführung von links nach rechts abgegangen und der Operator mit dem höchsten Vorrang zunächst beachtet. Das Prinzip der Auswertung von links nach recht gilt nicht für alle Operatoren, so muß bei der Zuweisung zunächst der rechts von dem Operator befindliche Wert ermittelt werden, bevor er dem links stehenden Datum zugewiesen werden kann.

Die nachfolgende Tabelle soll eine Übersicht über die verfügbaren Operatoren bieten. In den nachfolgenden Kapiteln wird auf einige der Operatoren noch näher eingegangen. Die Operatoren sind in Gruppen eingeteilt. Für jede Gruppe ist die Reihenfolge der Auswertung und der Vorrang identisch. Die Gruppen mit der höchsten Priorität sind zuerst aufgeführt.

Tabelle: Operatorenvorrang

Op	Bedeutung	Auswertung
() [] -> .	Funktionsaufruf Feldzugriff Strukturzugriff über Zeiger Strukturzugriff	links-rechts
(typ) sizeof & * - + ~ ++ -- !	Typkonvertierung Größe eines Datums / Typs Adresse / Referenz von Dereferenz (Inhalt einer Ref.) unäres - unäres + Bit-orientiertes Komplement Inkrement (um 1) Dekrement (um 1) Negation	rechts-links
* / %	Multiplikation Division Rest einer ganzz. Division	links-rechts
+ -	Addition Subtraktion	links-rechts
>> <<	Bit-orientiertes Schieben links Bit-orient. Schieben rechts	links-rechts
> < >= <=	Vergleich auf größer Vergleich auf kleiner Vergleich auf größer/gleich Vergleich auf kleiner/gleich	links-rechts
== !=	Test auf Gleichheit Test auf Ungleichheit	links-rechts
&	Bit-orientiertes UND	links-rechts
^	Bit-orientiertes excl. ODER	links-rechts
|	Bit-orientiertes ODER	links-rechts
&&	logisches UND	links-rechts
||	logisches ODER	links-rechts
? :	Konditionale Auswertung	rechts-links

Höchste Priorität

=	Zuweisung	rechts-links
+=	Addition und Zuweisung	
-=	Subtraktion und Zuweisung	
*=	Multiplikation und Zuweisung	
/=	Division und Zuweisung	
%=	Rest einer Div. u. Zuweisung	
>>=	Bit-or. Schieben re. und Zuw.	
<<=	Bit-or. Schieben li. und Zuw.	
&=	Bit-or. UND und Zuweisung	
°=	Bit-or. excl. ODER und Zuweis.	
|=	Bit-or. ODER und Zuweisung	
,	Anreihung von Anweisungen	rechts-links

**Niedrigste
Priorität**

Unter Beachtung des Vorrangs, ausgedrückt durch die Priorität eines Operators, wird der Ausdruck

```
4 + 3 * 2
```

arithmetisch korrekt als

```
4 + ( 3 * 2 )
```

ausgewertet. Soll die Reihenfolge der Auswertung der einzelnen Operatoren in einer Anweisung geändert werden, so sind entsprechende Klammern zu setzen.

```
( 4 + 3 ) * 2
```

Generell sollte immer dann, wenn der Vorrang der Operatoren unklar ist, Fehlern durch das Setzen von Klammern vorgebeugt werden. Für die praktische Arbeit bietet es sich an, eine Übersicht über den Operatorenvorrang immer verfügbar zu haben. Das Ergebnis einer Zuweisung kann wieder für eine weitere Zuweisung verwendet werden, so daß die folgende Schreibweise möglich ist:

```
i = a = b = 0;
```

LValue

Die Zuweisungsoperatoren erwarten auf der linken Seite einen sogenannten LValue. LValues sind Speicherstellen, die einen Wert aufnehmen können. Der Ausdruck aus dem vorhergehenden Beispiel dagegen ist ein RValue, er kann nur auf der rechten Seite einer Zuweisung verwendet werden. Ein typischer LValue ist eine Variable, so daß folgende Zuweisung korrekt ist:

```
int i;
i = i + 3;
```

Der Ausdruck i + 3 kann nur als RValue verwendet werden. Die Unterscheidung zwischen RValues und LValues ist wichtig, um Fehlermeldungen des Übersetzers verstehen zu können.

Das Beispiel läßt sich unter Verwendung des Operators += vereinfachen zu:

```
i += 3;
```

Bei den logischen Ausdrücken können als Operanden alle ganzzahligen Datentypen verwendet werden. Dabei entspricht der Wert Null dem logischen Ausdruck unwahr. Dagegen wird jeder Wert verschieden von Null als wahr interpretiert. Standardmäßig sollten zur Verdeutlichung der Schreibweise von logischen Ausdrücken Symbole eingeführt werden.

Unwahr = 0

```
#define TRUE 1
#define FALSE 0
#define BOOLEAN unsigned char
```

Das Symbol BOOLEAN sollte z.B. immer dann eingesetzt werden, wenn ein Datentyp für logische Variablen gefordert ist. Eine solche Variable kann dann die Werte TRUE und FALSE annehmen. Der Operator zur Negation ! führt einen wahren Zustand in einen unwahren bzw. umgekehrt über. Der Ausdruck !TRUE entspricht damit FALSE. Wird in einer logischen Abfrage kein Operand angegeben, wird standardmäßig von dem Wert wahr ausgegangen.

Die Bit-orientierten Befehle erlauben eine Behandlung von ganzzahligen Variablen auf der Ebene einzelner Bits. Damit

Bitoperationen

ist ein Maschinen-nahes Arbeiten unter C möglich. Wichtig ist es, diese Operatoren nicht mit den logischen Operatoren zu verwechseln. Ein wenig aus dem Rahmen fällt der Operator ++ bzw. --.

++ / --

Beide Operatoren führen zu einem Inkrement bzw. Dekrement einer ganzzahligen Variable. Die beiden Operatoren können vor oder hinter einer Variablen angebracht werden. Damit sind die folgenden Ausdrücke syntaktisch korrekt:

```
a = i++;
b = ++i;
```

Im ersten Fall wird zunächst der Variablen a der Inhalt von i zugewiesen und dann die Operation i=i+1 ausgeführt. Im zweiten Fall ist es genau umgekehrt. Zunächst wird i um den Wert 1 erhöht und erst danach der Variablen b zugewiesen. Bei komplexeren Ausdrücken, z.B. innerhalb von Schleifen etc., ist die Reihenfolge nicht immer eindeutig und hängt von dem verwendeten Übersetzer ab. In solchen Fällen sollte auf die Operatoren ++ und -- verzichtet werden, was immer möglich ist.

Kontrollfluß

Im Rahmen des Kontrollflußes eines Programms ist es notwendig, Entscheidungen zu treffen, über Programm-schleifen zu verfügen, usw. . Um diese Elemente geht es in dem aktuellen Kapitel.

Eine bedingte Verzweigung eines Programms kann über eine `if()...else`-Anweisung erreicht werden. Die `if()...else`-Anweisung hat die folgende Form:

Die if()...else - Anweisung

```
if(ausdruck)
   anweisung1;
else
   anweisung2;
```

Die grafische Darstellung sieht wie folgt aus:

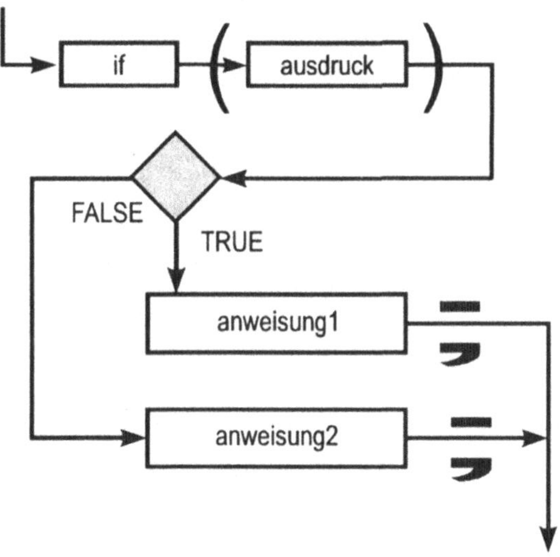

Abb. 1-10: if()...else - Anweisung

Ist der Ausdruck vom logischen Wert wahr (ungleich Null) wird `anweisung1` ausgeführt, ansonsten `anweisung2`.

Der `else`-Zweig ist zusammen mit der `anweisung2` optional. Anstelle von `anweisung1` und `anweisung2` kann auch jeweils ein Block von Anweisungen verwendet werden.

```
if(i == 3)
   { printf("i hat den Wert drei\n");
     printf("Eingabe ok!\n");
   }
else
   printf("i hat einen Wert versch. von 3");
   ...
```

Vergleichsoper.
==

Die Einrückung des Programmtextes ist, syntaktisch gesehen, nicht notwendig und dient lediglich zu übersichtlicheren Schreibweise. Zu beachten ist unbedingt, daß der Test auf Gleichheit über den Operator == vorzunehmen und nicht mit der Zuweisung = zu verwechseln ist. Da eine Zuweisung ein gültiger Ausdruck ist, führt die Verwendung innerhalb der `if()`-Abfrage nicht zu einer Fehlermeldung, wohl aber zu einem fehlerhaften Programmablauf. Bei

```
if(i=3)
   tuwas();
   ...
```

wird der Variablen `i` der Wert 3 zugewiesen. Da dieser Ausdruck ungleich Null und daher wahr ist, wird in jedem Fall die Funktion `tuwas()` aufgerufen. Da ein Wert ungleich Null immer als wahr interpretiert wird, ist ein Test auf Ungleichheit (Operator `!=`) in bestimmten Situationen überflüssig und folgende Schreibweisen sind gleichbedeutend:

```
if(i!=0)
   ...
if(i)
   ...
```

Für die erste Schreibweise spricht die bessere Lesbarkeit, für die zweite die immanente Faulheit eines (fast) jeden C-Programmierers. Zu beachten ist, daß nur die nächste Anweisung zu einem `if()`-Zweig gehört. Damit impliziert zwar die Schreibweise,

```
if(i!=0)
   tudies();
   tujenes();
...
```

daß im Falle `i=0` die Funktion `tujenes()` nicht ausgeführt wird. Doch die Schreibweise ist ohne Bedeutung und es muß in diesem Fall ein Block verwendet werden.

```
if(i!=0)
   { tudies();
     tujenes();
   }
...
```

Also Vorsicht bei Gebrauch von Anweisungen ohne Bildung eines Blocks innerhalb von `if()`-Anweisungen. Ein identisches Problem ergibt sich bei geschachtelten `if()...else`-Anweisungen. Hier gilt, daß immer der `else`-Zweig der letzten `if()`-Anweisung zugeordnet wird. Die Schreibweise bzw. die gewählte Einrückung ist auch hier ohne jede Bedeutung. In der Praxis sollte jede mögliche Fehlerquelle vermieden werden und nach Möglichkeit die Anweisungen immer in einen Block ({ ...}) gefaßt werden !

So lassen sich fehlerhafte Interpretationen vermeiden, da der menschliche Programmierer immer zunächst der Schreibweise und damit den Einrückungen vertraut. Zur Verbesserung der Lesbarkeit sollte die `if()`-Anweisung immer die gleiche Einrückung wie die zugehörige `else`-Anweisung aufweisen.

Wird z.B. innerhalb eines Programms ein Buchstabe eingelesen und es soll im Rahmen der Eingabebearbeitung für verschiedene Buchstaben eine entsprechende Funktion

Die switch() - Anweisung

aufgerufen werden, so kann diese Aufgabe von geschachtelten `if()...else`-Anweisungen übernommen werden.

```c
void bearbeiteEingabe(char c)
  {
  if(c=='E')
    berechneErgebis();
  else
    if(c=='Q')
      verlasseProgramm();
    else
      if(c=='Z')
        zeigeWerte();
      else
        tuNichts();
  ...
  }
```

Ist die bedingte Ausführung von einer ganzzahligen Variable (`char`, `int`) abhängig, so kann das letzte Beispiel übersichtlicher mit Hilfe der `switch()`-Anweisung gestaltet werden.

```c
void bearbeiteEingabe(char c)
  {
  switch(c) {
    case 'E':
      berechneErgebnis();
      break;
    case 'Q':
      verlasseProgramm();
      break;
    case 'Z':
      zeigeWerte();
      break;
    default:
      tuNichts();
```

```
        break;
    } /* switch(c) */
  ...
    }
```

Die Entscheidungsgrundlage ist der Wert, der in der auf der Anweisung `switch()` folgenden Klammer angegeben wird. Soll in dem vorangehenden Beispiel der Parameter unabhängig von der Groß-/Kleinschreibung des Parameters c ausgewertet werden, so ist folgende Anweisung zu verwenden:

```
switch( toupper(c) ) {
  ...
```

Ist ein Wert hinter einer `case` -Anweisung mit dem Argument von `switch` identisch, wird die auf dem `case` folgende Anweisung angesprungen. Liegt keine Übereinstimmung vor, so wird, falls implementiert, zu der nächsten Anweisung nach `default:` verzweigt. Die Angabe eines `default`-Zweiges ist optional.

Dabei werden alle Anweisungen ausgeführt. Ein nachfolgendes `case` wird dabei übergangen. Der Rumpf

```
case 'A':
  tuA();
case 'B':
  tuB();
  ...
```

führt dazu, daß im Fall der Übereinstimmung des Argumentes von `switch` mit dem Buchstaben 'A' sowohl `tuA()` als auch `tuB()` ausgeführt werden. Soll die Ausführung abgebrochen werden, so ist die Anweisung `break` zu verwenden. Die Anweisung `break` dient zum vorzeitigen Verlassen des aktuellen Blocks. Im Zusammenhang mit der `switch`-Anweisung muß im Normalfall jeder `case` und `default`-Zweig durch die Anweisung `break` abgeschlossen werden. Das Vergessen der ab-

break

schließenden Anweisung `break` gehört zu den verbreiteten Fehlern im Zusammenhang mit der `switch`-Anweisung. Also Vorsicht !

**Die while() -
Anweisung**

Bei der `while()`-Anweisung wird zunächst der Ausdruck in der Klammer ausgewertet. Ist dieser wahr (gleichbedeutend mit ungleich Null), so wird die auf `while()` folgende Anweisung (bzw. Block) ausgeführt. Dieser Vorgang wird solange wiederholt, bis der Ausdruck den Wahrheitswert unwahr annimmt. Ist der Ausdruck unwahr, so wird die Anweisung nicht ausgeführt und im Programm fortgefahren.

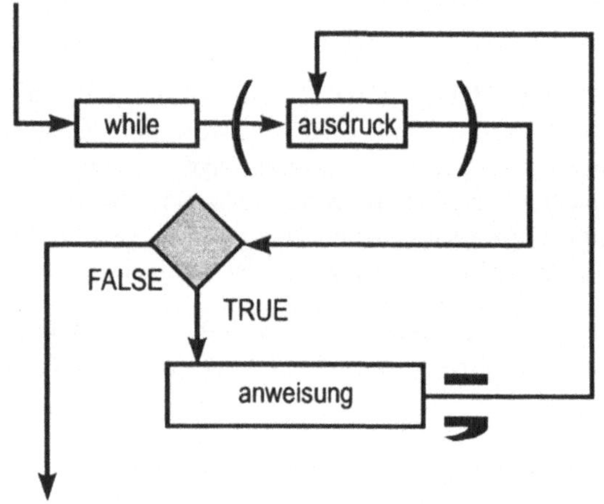

Abb. 1-11: Die while()-Anweisung

Die `while()`-Anweisung ist immer dann zu benutzen, wenn die auf `while()` folgende Anweisung nur ausgeführt werden soll, wenn der `ausdruck` in der Klammer wahr ist.

```
char c;
...
c=getchar();      /* Zeichen lesen */
while(c!='\n')
  { putBuffer(c);
```

```
   ...
   c=getchar(); /* neues Zeichen lesen */
}
```

Der Variablen `c` wird ein Zeichen, welches mittels der Funktion `getchar()` von der Tastatur gelesen wird, zugewiesen. Solange, bis die Eingabetaste (ENTER) gedrückt wird, werden die Zeichen über die Funktion `putBuffer()` in einen Zwischenspeicher abgelegt. Die Eingabetaste führt zu dem Zeichen 'Newline' (`'\n'`).

Eine Endlosschleife verursacht die Anweisung

```
while(1) ...; .
```

Bei einer `while()`-Schleife ist generell zu beachten, daß nicht unbeabsichtigt eine Endlosschleife programmiert wird. Ungewollt kann dieses geschehen, wenn anstelle des Vergleichsoperators `==` der Operator für die Zuweisung `=` benutzt wird.

```
while(y=3) /* immer wahr: Endlosschl. */
    ...
```

Unter Umständen ist eine garantierte Abbruchbedingung vorzusehen. Dieses kann in Form eines sogenannten 'Timeouts' über das Abfragen eines Zeitwertes geschehen. Ein 'Timeout' ist besonders wichtig, wenn der `ausdruck` innerhalb der `while()`-Schleife von der Prozeßperipherie abhängt und sich damit der Kontrolle des Programmierers entzieht. Nach Ablauf einer bestimmten Zeit wird die Abfrage der Prozeßperipherie gestoppt, auch wenn noch kein gültiges Datum vorliegt. In diesem Fall ist eine Fehlerbehandlung vorzusehen. Ist kein Zeitwert verfügbar, kann alternativ auch die Anzahl der Abfragen limitiert werden.

Timeout

Bei der `do...while()`-Anweisung wird zunächst die `anweisung` ausgeführt und dann der `ausdruck` überprüft. Ansonsten ist der Mechanismus identisch mit der `while()`-Schleife.

Die do ... while()- Anweisung

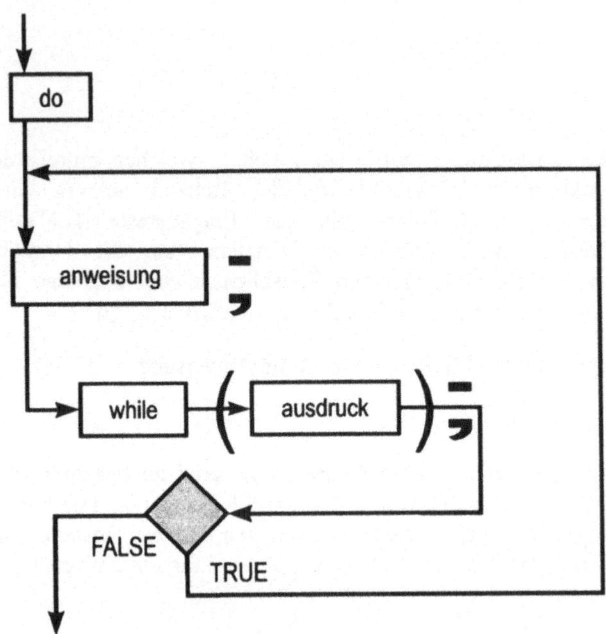

Abb. 1-12: Die do...while()-Anweisung

Das Beispiel für die `while()`-Schleife läßt sich mittels der `do...while()`-Anweisung kompakter schreiben.

```
char c;
...
do
  { c=getchar(); /* neues Zeichen lesen */
    putBuffer(c);
    ...
  }
· while(c!='\n');  /* ; nicht vergessen ! */
```

Zur Gestaltung iterativer Abläufe als Zählschleife bietet sich die `for()`-Anweisung an. Diese besitzt die folgende Struktur:

```
for(ausdruck1; ausdruck2; ausdruck3)
    anweisung;
```


Die Anweisung `ausdruck1` wird zu Beginn der Schleife einmalig ausgeführt. Hier sollte zur Initialisierung die Laufvariable mit ihrem Startwert vorbesetzt werden. Als nächster Schritt wird `ausdruck2` ausgewertet. Hier handelt es sich um eine Entscheidung. Liegt der Wahrheitswert `TRUE` vor, wird zuerst `anweisung` und dann im nächsten Schritt `ausdruck3` ausgeführt. Hieran schließt sich die erneute Auswertung des `ausdruck2` an. Bei einen Rückgabewert `FALSE` wird der Vorgang abgebrochen.

Die Flexibilität der `for()`-Anweisung erlaubt ein breites Einsatzgebiet. Eine Endlosschleife erhält man z.B. mittels

```
...
for( ; ;)  /* ausdruck2 = 1/TRUE */
  { ...;
    /* Endlosschleife */
  }
```

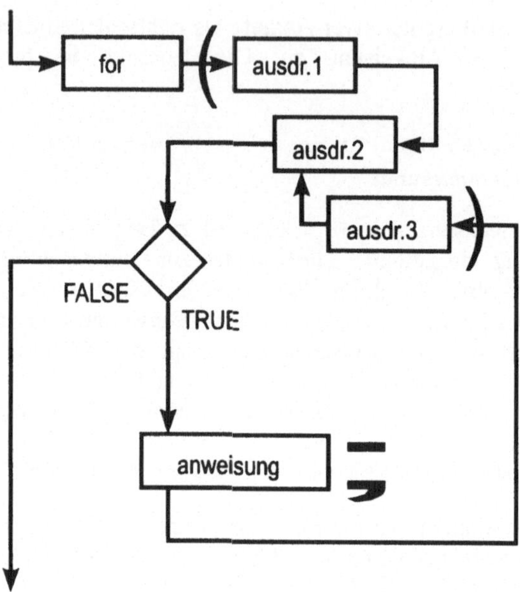

Abb. 1-13: Die for-Anweisung

Insbesondere ist es möglich eine `for()`-Anweisung auch dort einzusetzen, wo eine `while()`- oder auch `do-while()`-Anweisung semantisch angemessener wäre. Auch ist es möglich in `ausdruck3` Anweisungen unterzubringen, die besser ihren Platz im Schleifenrumpf finden würden. Solch eine Vorgehensweise führt mit Sicherheit zu einer schlechten Lesbarkeit der Programme und sollte unbedingt vermieden werden, zumal die Optimierer der heute üblichen Übersetzer einen Laufzeitnachteil übersichtlich geschriebener Programme ausschließen.

Zählschleife

Der hauptsächliche Anwendungsfall für die `for()`-Anweisung ist die Zählschleife. Hierbei liegt eine vor Beginn der Schleife festgelegte Schrittweite und ein Abbruchwert fest. Eine solche Schleife hat typischerweise das folgende Aussehen:

```
int array[MAXARRAY];
...
for (int i=0;i<MAXARRAY;i++)
  { array[i]=0;
  }
...
```

Die Schleife setzt den Inhalt der einzelnen Elemente des
Feldes `array` auf den Wert 0. Ein Feld ist eine
Ansammlung von Variablen, die über einen ganzzahligen
Index unter Nennung des Feldnamens angesprochen werden.
Dieses mag im Rahmen der Initialisierung oder eines
Rücksetzvorgangs während der Laufzeit von Interesse sein.
Die Schleifenvariable `i` wird hier innerhalb der `for()`-
Anweisung deklariert. Daher kann auf sie nur innerhalb der
`for()`-Anweisung zugegriffen werden.

Innerhalb der `for()`-Anweisung sollte lediglich eine
definierte Erhöhung der Schleifenvariable um die Schrittweite vorgenommen werden. In unserem Fall ist die
Schrittweite 1, was sich in der Anweisung `i++` ausdrückt.
Ansonsten sollte eine Manipulation der Zählvariable
unterbleiben. Sinnvoll ist es jedoch z.B. für eine Überprüfung
lesenderweise auf die Variable `i` zu zugreifen (`if
(i==SONDERFALL) {...;}`).

Komplexe Datentypen

Mit den im Vorfeld eingeführten Basistypen lassen sich prinzipiell alle Probleme lösen. Dieses muß auch so sein, da sich keine neuen Datentypen einführen lassen, die nicht auf den Basistypen, sei es als Feld oder in beliebiger Kombination, beruhen.

An das Problem angepaßt sind diese jedoch nur in den seltensten Fällen. Es gilt daher neue Typen zu schaffen, die eine sinnvolle Ordnung der Datenstruktur erlauben. Wie diese Anforderung umzusetzen ist, soll anhand eines einfachen Beispiels gezeigt werden.

**Beispiel:
Konvertierung**

Der Ausgabewert eines Analog-/Digitalumsetzers soll in seine physikalische Größe umgerechnet werden. In unserem Beispiel wird eine lineare Abbildungsfunktion vorausgesetzt. Dazu sind zwei Punkte dieser Funktion zu benennen, die experimentell als Eichpunkte bestimmt werden.

Aus der verbalen Beschreibung des Problems ergeben sich zwei Datentypen. Zunächst ist der Punkt zu erkennen. Er besteht aus zwei Variablen, nämlich dem X- und Y-Wert. Diese lassen sich durch Basistypen ausdrücken. In unserem Fall ist eine Fließkommazahl angemessen. Je nach Anforderung an die Rechengenauigkeit kann auch eine ganzzahlige Darstellung sinnvoll sein. Ganzzahlige Typen bieten den Vorteil der höheren Rechengeschwindigkeit und des geringeren Speicherbedarfs.

Auf der Grundlage der oben ausgestellten Überlegungen konstruieren wir unseren ersten neuen Datentyp, eine Struktur `Punkt`. Eine Struktur besteht aus Basistypen oder bereits deklarierten Strukturen. Das Schlüsselwort zur Einleitung einer Strukturdeklaration lautet `struct`.

struct

```
struct Punkt {
   float x;
   float y;
};
```

Die Datenelemente einer Struktur werden durch geschweifte Klammern eingerahmt. Die Namen der Datenelemente müssen lediglich innerhalb der Struktur eindeutig sein.

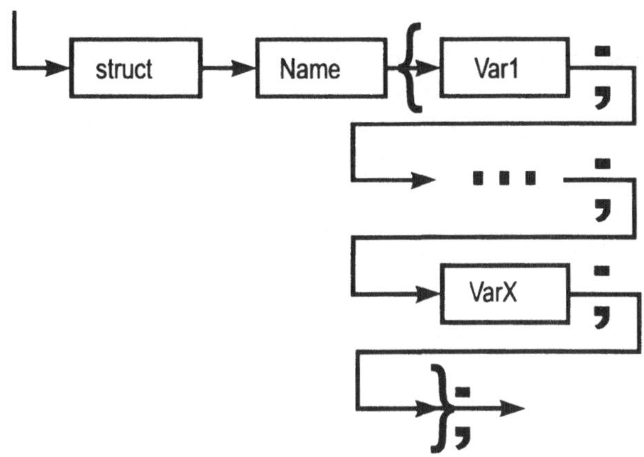

Abb. 1-14: Deklaration einer Struktur

Nach dem Schlüsselwort `struct` folgt ein Name, über den die Struktur den Datentyp `struct Name` erhält. Analog zu den Basistypen kann ein Punkt über die Deklaration

```
struct Punkt p1;
struct Punkt p2={ 1.0, 1.0 };
```

vereinbart werden. Der Punkt `p1` steht ab jetzt dem Programm zur Verfügung. Ist eine Initialisierung erwünscht, kann diese analog zu den Basistypen vorgenommen werden. Wie diese für unseren Punkt auszusehen hat, zeigt das Beispiel `p2`. Um jetzt auf die einzelnen Elemente einer Struktur zugreifen zu können, ist der Operator '.' wichtig. Er verbindet den Namen einer Struktur mit dem der einzelnen Datenelemente.

Operator '.'

```
p1.x = 0.0;
p1.y = 0.0;
```

```
    ...
    printf("X: %f Y: %f\n",p1.x, p1.y);
```

Ist kein eigener Typ `struct Punkt` erwünscht, kann auch der Variablenname nach der zweiten Klammer angeführt werden. Dieses ist dann sinnvoll, wenn lediglich eine begrenzte Anzahl von Variablen benötigt wird. Analog zu den Basistypen können auch mehrere Variablen deklariert werden. Dabei sind die einzelnen Variablen durch Kommata zu trennen.

```
struct {
    float x;
    float y;
} p1, p2;
```

Beispiel: Abbildung

Zurück zu unserem Problem. Die Abbildung ist noch nicht vollständig beschrieben worden. Die komplette Darstellung einer Abbildung benötigt z.B. Zwei Punkte. Daher folgt für unsere Struktur Abbildung:

```
struct Abbildung {
    struct Punkt p1;
    struct Punkt p2;
} a;
```

Die kurzen Variablennamen sind gewählt worden, um eine übersichtliche Darstellung in der Formel zu gewährleisten. Generell sind jedoch aussagekräftigen Variablennamen vorzuziehen. Bei der Berechnung des Meßwertes ist zunächst eine Überführung in eine Geradengleichung notwendig. Der mathematische Zusammenhang ist in der folgenden Grafik festgehalten.

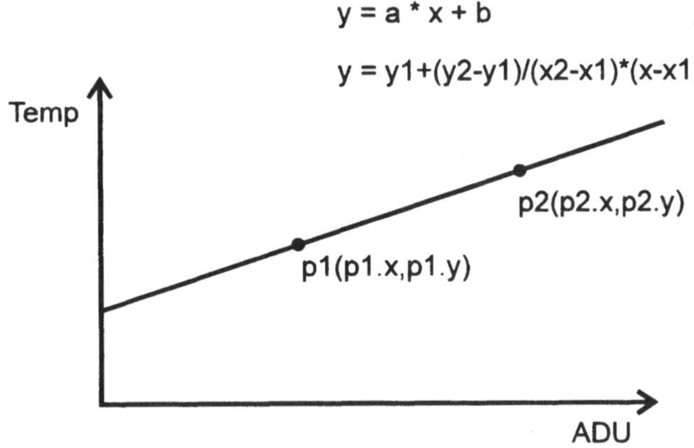

Abb. 1-15: Abbildung des Meßwertes

Die Berechnung des Meßwertes `Temp` aus dem eingelesenen Wert `ADWert` hat daher folgendes Aussehen:

```
a.p1.x = 0.0;

...

Temp = a.p1.y + (a.p2.y-a.p1.y) / (a.p2.x-
a.p1.x) * (ADWert-a.p1.x);

...
```

An dieser Stelle mag nicht einsichtig sein, welchen Vorteil Strukturen zur übersichtlichen Gestaltung der Daten eines Programms bieten. Doch gehen wir von mehreren Abbildungen aus. In diesem Fall ist es notwendig die Berechnung zu einer Funktion zusammenzufassen und die verschiedenen Abbildungsparameter an die Funktion zu übergeben. An dieser Stelle gewinnt die Parameterübergabe an Übersichtlichkeit. Unverzichtbar sind Strukturen immer dann, wenn z.B. die Abbildung als Rückgabewert einer Funktion vorgesehen ist. Wie schon erwähnt kann in C lediglich ein Rückgabewert angegeben werden. Dieser kann insbesondere ein Zeiger auf eine Struktur sein. Dazu jedoch mehr in dem folgenden Kapitel 'Zeigerverarbeitung'.

Generell sollten Strukturen immer dann angewendet werden, wenn Daten logisch zusammengehören. In unserem Beispiel wäre eine Lösung gewesen, die Abbildung aus den Elementen `x1`, `x2`, `y1`, `y2` zu bilden. In diesem Fall wäre keine Struktur `Punkt` notwendig. Dieses Vorgehen kann unter Umständen zu einer besser nachvollziehbaren Schreibweise führen. Unter dem Aspekt des Speicherplatzbedarfs oder der Rechengeschwindigkeit betrachtet sind beide Formen gleichwertig.

sizeof()

In einigen Fällen ist es sinnvoll, zur Laufzeit die Größe einer Datenstruktur zu ermitteln. Dazu dient der Operator `sizeof()`. Als Argument ist der Name der Variable oder des betreffenden Datentyps anzugeben. Insbesondere sind hierunter auch Felder und Strukturen zu verstehen. Der Rückgabewert hat den Typ `size_t`, welcher in der Datei `stddef.h` festgelegt ist. Er gibt die Größe in Bytes wieder und ist zumeist vom Typ `unsigned long`. Der `sizeof()`-Operator wird insbesondere bei der dynamischen Speicherreservierung benötigt.

Die dynamische Speicherreservierung ist jedoch erst ein Thema eines noch folgenden Kapitels. Für uns ist der Operator jedoch sehr gut für Testzwecke zu gebrauchen. Er bietet uns die Möglichkeit, die wirkliche Größe eines Basistyps oder z.B. einer Struktur zu kontrollieren. Wie der Gebrauch des `sizeof()`-Operators aussieht, illustriert das folgende Beispiel. Zu beachten ist, daß bei der Angabe eines Datentyps als Argument immer eine Klammer um den Operanden zu setzen ist.

```
size_t groesse;
...
groesse=sizeof p1;
...
groesse=sizeof(groesse);
...
printf("%u Bytes\n",sizeof(int));
printf("%u Bytes\n",sizeof(Punkt));
```

Felder setzen sich aus einer Ansammlung von Variablen zusammen, die identischen Typs sind. Damit unterscheiden sich Felder von Strukturen, die Daten aller bekannter Datentypen beinhalten können. Da alle Elemente gleichen Typs sind, bietet es sich an, bei einem Feld den Zugriff nicht über einen Namen, sondern über einen ganzzahligen Index vorzunehmen. Wie die folgenden Beispiele zeigen werden, bietet dieses Verfahren den Vorteil der besonders einfachen, iterativen Bearbeitung. Doch zunächst zu der Deklaration eines Feldes (engl. Array).

Felder

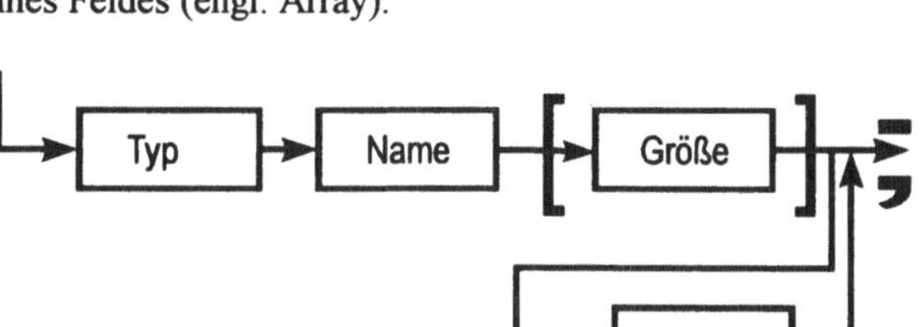

Abb. 1-16: Deklaration Feld

Der Zugriff auf die einzelnen Variablen des Datentyps 'Typ' erfolgt mittels Angabe des Feldnamens und nachfolgendem Index in eckigen Klammern. Zu beachten ist, daß die erste Variable den Index 0 besitzt. Da die Anzahl der Elemente den Wert `Größe` annimmt, bedeutet dieses, daß das letzte Element dem Index `Größe-1` zugeordnet ist. Achtung, wird ein Index mit einem Wert größer als `Größe-1` verwendet, führt dieses nicht zu einer Fehlermeldung durch den Übersetzer!

Index []

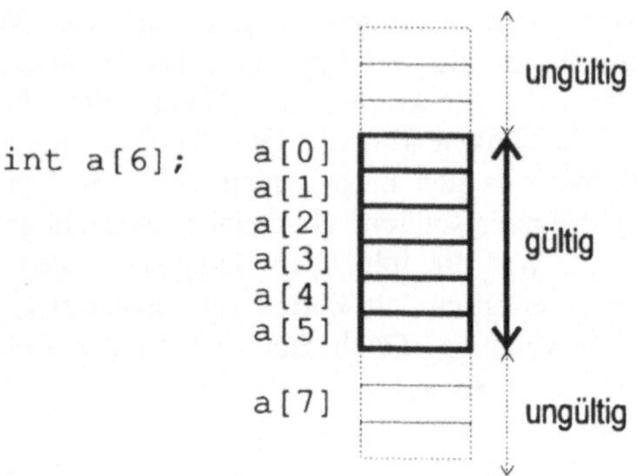

Abb. 1-17: Speicherbelegung eines Feldes

Da die einzelnen Daten eines Feldes im Speicher hintereinander liegen, führt der Zugriff über einen ungültigen Index auf ein Element eines Feldes zur Adressierung eines anderweitig benutzen Speicherbereichs. Wird lesenderweise zugegriffen, nimmt das gelesene Datum einen zufälligen Wert an. Ein korrekt arbeitendes Programm kann man so nur schwerlich erreichen. Kritisch wird es, falls in einen unerlaubten Speicherbereich geschrieben wird. Die Folgen sind nicht vorhersehbar.

Index-Überprüfung

Wenn man Glück hat, stürzt das fehlerhafte Programm direkt ab und der Fehler ist relativ leicht zu diagnostizieren. Langwierig ist die Fehlersuche immer dann, wenn das resultierende Verhalten des Programms eher zufällig ist. Aus diesem Grunde ist eine Überprüfung des Index auf den erlaubten Wertebereich sinnvoll. Man sollte nur in den Fällen darauf verzichten, wenn der Wertebereich des Index eindeutig erlaubt und die Geschwindigkeit des Programms kritisch ist.

Beispiel

Kommen wir zurück zu dem Beispiel der zu konvertierenden Meßwerte. Es sollen zunächst 1000 Werte eingelesen werden. Es bietet sich an, diese Werte in einem Feld abzulegen. Das folgende Beispiel zeigt, daß die Verwendung eines Feldes einen einfachen, iterativen Zugriff auf die einzelnen Feldvariablen erlaubt.

```
#define ANZMESSWERTE 1000
int messwerte[ANZMESSWERTE];
int readAD(void);
...
  { int i;

    for(i=0;i<ANZMESSWERTE;i++)
      messwerte[i]=readAD();
      ...
  }
```

Eine Überprüfung des Index auf Gültigkeit ist für den Zugriff `messwerte[i]` nicht notwendig, da er sich mit Sicherheit in dem erlaubten Bereich `0...(ANZMESSWERTE-1)` befindet. In jedem Fall jedoch ist es sinnvoll, wie in dem Beispiel, für die Größe des Feldes einen mittels `#define` definierten symbolischen Namen (hier: ANZMESSWERTE) zu verwenden, der auch für die Laufindexbegrenzung und Bereichsüberprüfung wichtig ist. Wird die Größe des Feldes verändert, garantiert die Verwendung eines symbolischen Namens die konsistente Berücksichtigung der neuen Feldgröße.

Wie eine Überprüfung aussehen kann, zeigt das nächste Beispiel, welches die Definition einer Funktion `bildeMittelWert()` beinhaltet. Ihr wird der Index auf das Feld als Parameter übergeben, so daß in jedem Fall eine Überprüfung vorzusehen ist. Die Anzahl der Elemente, die in die Mittelwertbildung einzubeziehen sind, wird als zweiter Parameter übergeben.

**Beispiel:
Indexüberprüf.**

```
#define FELDERROR     101
...
int bildeMittelWert(int i, int anz)
  { long summe;
    int j;
    if( (i>=0) && (i+(anz-1) <
          ANZMESSWERTE) && (anz>0) )
/* Werteber. j: 0...anz-1 */
```

```
                for(j=0;j<anz;j++)
                   summe=summe+messwerte[i+j];
    /* oder: summe+=messwerte[i+j] */
        else
           exit(FELDERROR);
    /* Fehlerfall: Programmende */
        return (int)(summe / anz);
    /* falsch: (int) summe / anz */
      }
```

Für den Zugriff auf das Feld ist es wichtig zu überprüfen, ob sich der Index (hier: i+j) innerhalb der erlaubten Grenzen 0...(ANZAHLMESSWERTE-1) befindet. Um die Funktionsfähigkeit des Algorithmus zu gewährleisten, ist zusätzlich die Bedingung anz > 0 einzuhalten. Da aber innerhalb der Funktionsdefinition keinerlei Kenntnisse über den Wertebereich der Parameter vorauszusetzen sind, ist eine entsprechende Abfrage unbedingt durchzuführen. Überlegungen zur Rechenzeitoptimierung oder Minimierung des Schreibaufwandes zur Programmerstellung dürfen hier keine Rolle spielen, da ansonsten instabile Programme die Folge sein können.

C - Philosphie

An dieser Stelle ist eine Anmerkung zur Programmiersprache C angemessen. Natürlich könnte C eine automatische Überprüfung der Indizes bei Feldzugriffen vornehmen. Nur im Sinne der Laufzeitoptimierung wird diese Option nicht immer erwünscht sein. In anderen Programmiersprachen ist diese Überprüfung daher zumeist abschaltbar. Anders dagegen C, hier ist der abgeschaltete Zustand der Normalfall und Sie als Programmierer haben die Freiheit und auch die Verantwortung eine entsprechende Überprüfung (falls notwendig!) vorzusehen.

Insbesondere bei der Definition von Funktionen sind Annahmen über den Wertebereich und andere Abhängigkeiten von Parametern unvermeidbar. Unvermeidbar ist es daher auch, diese Annahmen zu garantieren. Am zuverlässigsten ist, wie gezeigt, die Verifikation der Annahmen innerhalb der Funktion in der direkten Umgebung des Feldzugriffes. Insbesondere sind die Annahmen somit auch dokumentiert.

In Fällen, in denen die Laufzeit absolute Priorität hat, sollten die kritischen Parameter des Funktionsaufrufs entsprechend ausgelegt und zumindest in der Testphase eine Parameterüberprüfung eingebaut werden. In der endgültigen Programmversion kann diese dann auskommentiert werden. Dieses Verfahren bietet eine einfache Testmöglichkeit und zugängliche Dokumentation im Falle einer notwendigen Programmwartung.

Laufzeit

Felder können, wie auch die Strukturen, mit Werten vorbelegt werden. Felder, die innerhalb einer Funktion deklariert wurden, werden nicht vorbesetzt, sondern haben einen zufälligen Inhalt. Sie sind automatische Variablen und werden auf dem Stack des Systems bei Aufruf der Funktion eingerichtet. Einrichten bedeutet hier lediglich die Bereitstellung von Speicherplatz.

Initialisierung

Anders sieht es aus mit Variablen, die entweder außerhalb einer Funktion, also global deklariert oder mit dem Qualifizierer `static` versehen wurden. Diese Felder werden im Rahmen des Systemstarts von der Startup-Routine mit Null vorbesetzt. Sie sind in dem statischen Datenbereich der C-Laufzeitumgebung enthalten.

static

Felder mit der Lebensdauer automatisch, also z.B. alle lokalen Variablen, sind vor ihrer Benutzung in jedem Fall mit einem definierten Wert zu versehen. Dieses kann z.B. in der Form

Automatische Felder

```
void funcxy()
  { int a[4];
    a[0]=1;
    a[1]=4;
    a[2]=8;
    a[3]=26;
    ...
  }
```

geschehen. Erst nach der Initialisierung ist ein sinnvoller Zugriff auf ein Feld möglich!

Alternative: direkte Initial.

Wie in der Struktur der Felddeklaration vorgesehen, kann eine Initialisierung alternativ auch direkt innerhalb der Deklaration vorgenommen werden. Für unser obiges Beispiel sieht dieses folgendermaßen aus:

```
int a[4] = {1,4,8,26};
```

Dieser übersichtlicheren Form der Initialisierung ist der Vorzug zu geben, da weniger Schreibarbeit notwendig ist und die Gefahr der Verwendung nicht initialisierter Felder wegfällt. Anders sieht es aus, wenn die Inhalte eines Feldes abhängig vom Index berechnet werden können. In diesem Fall ist die Zuweisung eines Wertes innerhalb einer Funktion vorzusehen.

Beispiel: Tabellen-Arith.

Ein Beispiel ist die Berechnung von Werten auf Grundlage von Tabellen für ganzzahlige Arithmetik. Nehmen wir die Umrechnung eines von einem Digital-/Analogumsetzer gelesenen Wertes in seine physikalische Größe. Hierzu sind zumeist komplexere Umrechnungen mit aufwendigen Operationen, wie die Multiplikation, notwendig. Schneller geht der Zugriff über einen Index in eine zum Systemstart berechnete Tabelle.

Bei extrem zeitkritischen Anwendungen wird diesem Verfahren der Vorzug gegeben. Nachteilig ist der höhere Bedarf an Speicher zur Ablage der Tabelle. Für die praktikable Verwendung einer Tabelle ist ein eingeschränkter Wertebereich Voraussetzung, um die Tabelle nicht zu groß auslegen zu müssen. Für unseren Umsetzer gilt eine Datenbreite von 8 Bits. Damit muß die Tabelle 256 Einträge besitzen, da von dem Umsetzer maximal soviel verschiedene Werte geliefert werden können.

```
#define DATENBREITE 256
double tabelle[DATENBREITE];
...

/* Berechnung in der Startphase */
```

```c
for(i=0;i<DATENBREITE;i++)
  tabelle[i]=3.0*i*i+konstante;
...
/* schneller Zugriff zur Laufzeit */
if((wert=tabelle[leseAD()]) >MAXTEMP)
  alarm();
...
```

In der `if()`-Anweisung wurde im Beispiel eine Zuweisung vorgenommen. Obwohl die Übersichtlichkeit unter dieser Darstellung leidet, wird dem Übersetzer die Erstellung eines effizienten Codes durch diese Schreibweise erleichtert. Wichtig ist ein Laufzeit-optimiertes Verfahren, wie die Tabellen-basierte Berechnung von Werten, insbesondere innerhalb von Interruptroutinen. Das gilt vor allem, wenn diese in einer Hochsprache erstellt worden sind.

Auch Strukturen sind wie alle anderen Typen zu behandeln. Damit lassen sich auch Felder aus Strukturen bilden. Wie eine solche Struktur für das bereits behandelte Problem der Abbildung aufgebaut werden kann, zeigt das folgende Beispiel.

Felder aus Strukturen

```c
struct Abbildung {
  struct Punkt p1;
  struct Punkt p2;
};
struct Abbildung ab[3];
struct Punkt p[2]={ {0,0},{1,1} };
...
ab[1].p1.x=47;
ab[1].p1.y=48;
```

Die Deklaration der Struktur `Punkt` entspricht der des obigen Beispiels. Es wird gezeigt, wie eine Initialisierung bei der Deklaration vorgenommen werden kann.

Mehrdimensionale Felder sind in C vorgesehen. Obwohl Matrixoperationen nicht Bestandteil der Standardbibliothek sind, kann z.B. über die Verwendung mehrdimensionaler

Mehrdimens. Felder

Felder der Datentyp Matrix eingeführt werden. Für die Deklaration und den Zugriff sind die Indizes, für sich getrennt, in eckigen Klammern anzugeben. Das in anderen Programmiersprachen zur Trennung verwendete Komma ist nicht zulässig. Der Komma-Operator hat in C eine gänzlich andere Bedeutung.

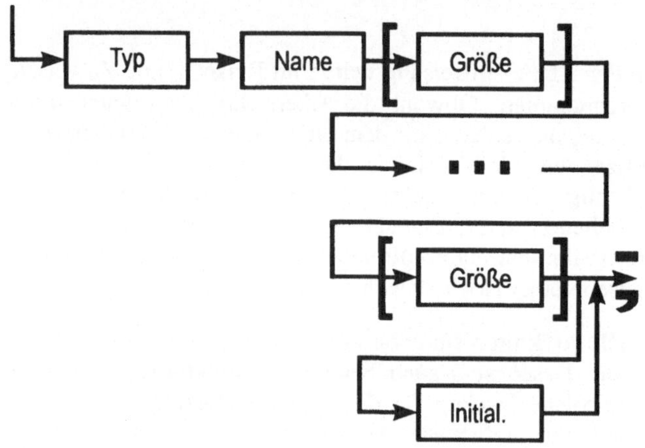

Abb. 1-18: Mehrdimensionale Felder

Die folgenden Beispiele zeigen die Verwendung mehrdimensionaler Felder. Es gilt für die Betrachtung der Wertebereiche der Indizes, ohne Einschränkung, das für eindimensionale Felder gesagte.

```
int    matrix[2][4];
/* Feld mit 2 Elementen eines Integer
Feldes mit 4 Elementen */
char   c[4][5][6];
...
matrix[0][0]=34;
matrix[0][1]=35;
...
```

```
c[2][3][4]='c';

...
```

Natürlich kann auch bei der Deklaration direkt eine Initialisierung vorgenommen werden.


```
int matrix[2][4]=     { {34, 35, 36, 37},
                        {38, 39, 40, 41}
                      };
```

Die Elemente eines mehrdimensionalen Feldes werden im Speicher derart abgelegt, daß die Elemente des letzten Index aufeinander folgen. Danach folgen die vorletzten, usw. . Eine genaue Übersicht bietet die nächste Abbildung.

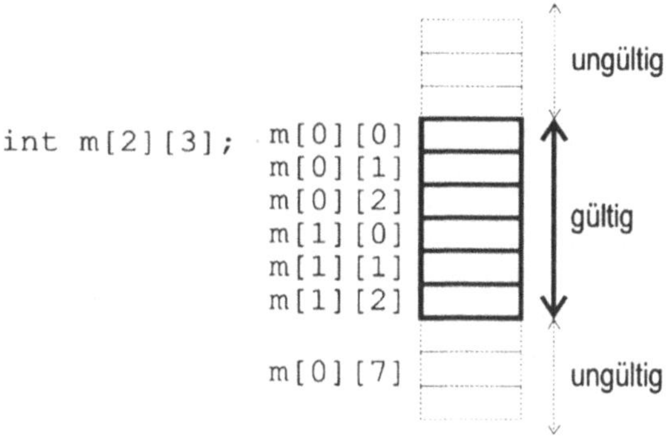

Abb. 1-19: Speicherabbild

Um einen speziellen Typ global einzuführen, ist es sinnvoll neue Typen schaffen zu können. In der Sprache C bietet das Schlüsselwort `typedef` diese Möglichkeit. Dabei wird ein bereits bekannter Typ mit einem neuen Namen verbunden. Es hat sich eingebürgert, für einen derartigen Namen Großbuchstaben zu verwenden.

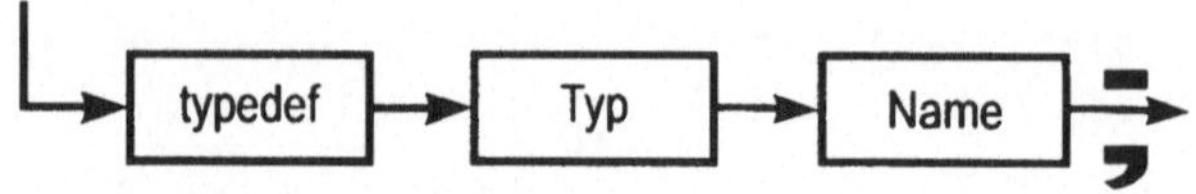

Abb. 1-20: Syntax einer typedef-Definition

Soll ein Typ `ULONG` eingeführt werden, der immer `unsigned` ist und eine Datenbreite von 4 Bytes aufweist, sieht die Deklaration analog zu der Variablendeklaration aus.

```
typedef unsigned long ULONG;
...
ULONG zahl;
...
```

Wird für jeden Wert ohne Vorzeichen und mit einer Datenbreite von 4 Bytes immer der Typ `ULONG` verwendet, muß bei einer Portierung auf ein neues System lediglich die entsprechende Typvereinbarung angepaßt werden.

Beispiel: Matrix

Bei den oben erwähnten Matrizen ist es für den Aufbau einer Funktionsbibliothek notwendig einen definierten Datentyp zu vereinbaren, für den die Funktionsbibliothek ausgelegt ist. Im folgenden Beispiel wird dazu der Typ `INT3X3` vereinbart. Dieses Vorgehen reduziert die Komplexität der Typen.

```
typedef int INT3X3[3][3];
...
INT3X3 m;
...
m[0][2]=10;
...
```

typedef struct

Interessant wird dieses Vorgehen insbesondere bei noch komplexeren Typen. Vor allem die Strukturen können von der Verwendung geeigneter Typvereinbarungen profitieren. Hier wird vor allem die Schreibweise vereinfacht. Die komplette Großschreibung der Namen für neu definierte Typen hat sich allgemein eingebürgert.

```
typedef struct {
  int x,y;
  } PUNKT;

...

PUNKT p1 = { 0, 1 };

...

if(p1.x > p1.y)

   ...

...
```

Zu den skalaren Datentypen zählen die Enumerationen. Enumerationen werden über das Schlüsselwort `enum` eingeleitet. Dabei werden symbolischen Namen ganzzahlige Zahlen zugeordnet. Generell ist der Wert ohne Bedeutung, er dient lediglich zur Identifikation eines Symbols.

enum

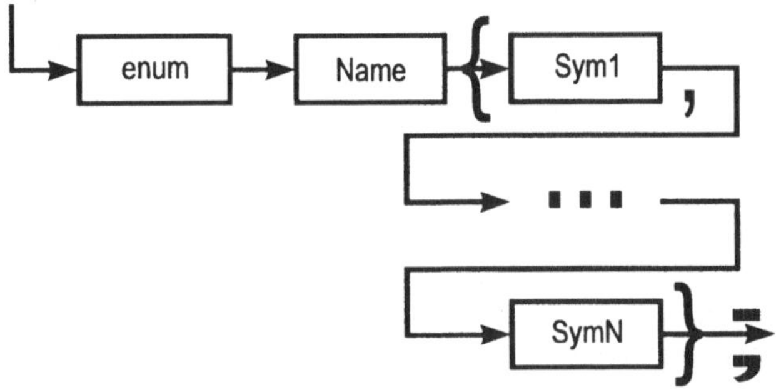

Abb. 1-21: Syntax einer enum-Definition

Die einzelnen Symbole `Sym1` bis `SymN` müssen verschieden sein. Danach steht der Typ `enum Name` zur Verfügung. Eine Vereinfachung mittels `typedef` ist auch für die `enum`-Deklaration möglich.

```
enum zustand {wartend,bereit,aktiv};
typedef enum {heiss,kalt,gefroren}
        TEMP;

...
```

```
enum zustand zustandProzess1;
TEMP tempKessel;

...

zustandProzess1 = wartend;
tempKessel = gefroren;

...

if( zustandProzess1 == aktiv )
  tuwas();

...
```

Die Enumerationen können, wie alle anderen Typen, in Strukturen, Feldern, usw. verwendet werden. Der den Symbolen zugeordnete Zahlenwert wird in aufsteigender Reihenfolge nach der Nennung der Namen vergeben. Soll einem Symbol ein bestimmter Wert zugeordnet werden, kann dieses durch Zuweisung des Wertes in der Deklaration geschehen.

```
typedef enum
    {heiss=5,kalt,gefroren}
TEMP;
```

In dem Beispiel wurde dem Symbol `heiss` der Wert 5 zugeordnet. Im Regelfall jedoch sollte der Zahlenwert ohne Bedeutung sein und lediglich der symbolische Name verwendet werden.

**Typprüfung
bei enum**

Die Verwendung von `enum` ermöglicht eine Typprüfung durch den Übersetzer. Damit sollte es nicht möglich sein, einem Zustand ein ungültiges Symbol zuzuweisen. Eine Temperatur des Typs `TEMP` vom Wert `aktiv` kann somit als fehlerhaft erkannt werden. Leider nehmen nicht alle Übersetzer eine solche Überprüfung vor und behandeln alle `enum`-Typen wie Integerzahlen. Dieses gilt insbesondere für ältere Übersetzer. Eine Fehlermeldung bei falscher Verwendung von Enumerationen ist selbst im ANSI-Standard nicht vorgesehen, jedoch wird im Regelfall eine Warnung generiert.

Trotz der Unsicherheit der Behandlung von Enumerationen ist ihnen der Vorzug vor Definitionen über #define zu geben. Diese sind mit Sicherheit nicht geeignet, durch eine Typüberprüfung Fehlerquellen erkennen zu können.


```
#define WARTEND 0
#define BEREIT  1
#define AKTIV   2


#define HEISS   0
...
int zustand = WARTEND;
...
if(zustand == AKTIV)
   ...
zustand = HEISS; /* FEHLER! */
```

Der numerische Wert des Symbols WARTEND unterscheidet sich nicht von HEISS. Die Zuweisung in der letzten Zeile ist daher semantisch falsch, obwohl die formalen Regeln der Sprachsyntax eingehalten wurden und daher der Übersetzer keine Fehlermeldung oder Warnung erzeugen kann.

Der Verbunddatentyp union entspricht zunächst der Struktur. In ihnen können Elemente verschiedener Typen integriert werden. In einer Struktur sind alle Elemente physikalisch im Speicher hintereinander angeordnet. Damit sind alle Elemente gleichzeitig nutzbar.

Nicht so die union, hier belegen alle Elemente einen identischen Speicherbereich. Die Größe einer union richtet sich damit nach dem größten Element. Die Deklaration entspricht, ebenso wie die syntaktischen Regeln der Anwendung, denen der Struktur.

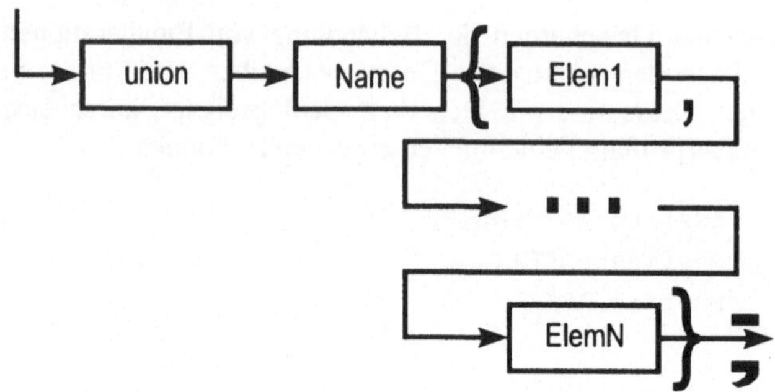

Abb. 1-22: Syntax einer union-Definition

Der Zugriff findet ebenfalls über den .-Operator statt. Sinnvoll ist eine union z.B. dann, wenn ein Datum verschieden interpretiert werden soll. Eine ganzzahlige Variable vom Typ unsigned int soll in ein unteres und oberes Byte zerlegt werden. Das Byte soll den Typ unsigned char annehmen. Zusätzlich soll eine Interpretation des Datums als vorzeichenbehafteter Wert möglich sein. Der sauberste Weg ohne Typkonvertierung und Zeigerarithmetik wird durch die Bildung einer union erreicht.

Verschiedene Interpretation

```
typedef union {
   unsigned int i;
   struct {
      unsigned char h; /*higher Byte*/
      unsigned char l; /*lower  Byte*/
      }b;
   int j;
   } UNION;
...
UNION iunion;
unsigned char x;
int i;
iunion.i=0x1020;
x=iunion.b.h;
```

```
i=iunion.j;

...
```

Die Lage des unteren und oberen Bytes eines Wortes im Speicher hängt von dem verwendeten Mikroprozessor ab. Für einen Intel-Prozessor ist die Reihenfolge von h und l umzudrehen. Für portable Lösungen ist dieser Umstand durch entsprechende Präprozessoranweisungen über das Hilfsmittel der bedingten Übersetzung zu berücksichtigen.

Die Funktion der verschiedenen Dateninterpretation beruht auf der Nutzung identischer Speicherbereiche. Wird ein Wert in `iunion.i` abgelegt, kann der identische Wert über `iunion.b.h` und `iunion.b.l` als einzelne Bytes interpretiert werden. Ist die vorzeichenbehaftete Interpretation erwünscht ist `iunion.j` zu verwenden.

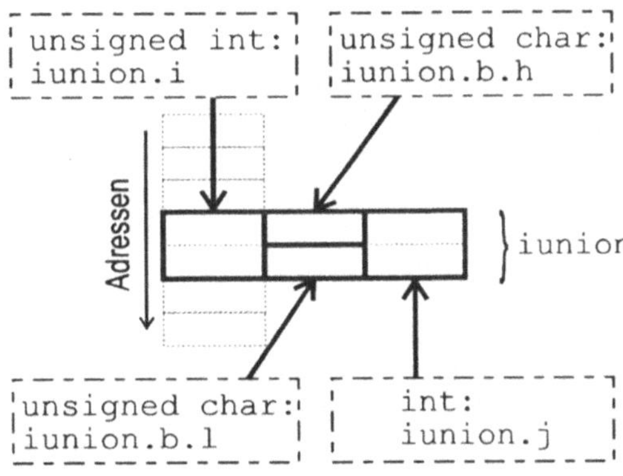

Abb. 1-23: Speichernutzung einer union

Während die Nutzung einer `union` zur unterschiedlichen Interpretation eines Datums ungefährlich ist, sieht dieses anders aus, wenn verschiedene Daten in einem Speicherbereich untergebracht werden sollen.

Mehrfachnutz. eines Speicherb.

```
union {
   int i;
   double d;
```

```
    } u;

    u.i=1;
    ...
    u.d=1.0;
    ...
```

Wichtig ist hierbei, daß die korrekte Verwaltung der Daten vom Programmierer garantiert werden muß. Er hat das Vorhandensein eines passenden Wertes bei Auslesen der `union u` zu gewährleisten. Befindet sich der Integerwert in der `union u` (`u.i`), ist eine Interpretation als `double` über `u.d` syntaktisch richtig, führt aber zu unsinnigen Ergebnissen. Sinnvoll ist diese Nutzung des Verbundtyps `union` unter dem Aspekt der optimalen Speichernutzung, wenn mehrere Daten nicht gleichzeitig im System vorkommen können.

Generell sollte die Mehrfachnutzung eines Speicherbereichs nur im Falle knapper Speicherresourcen angewendet werden, wie dieses in den typischen Mikrokontrolleranwendungen der Fall ist. Zu beachten ist, daß die Garantie der korrekten Nutzung auch einen Overhead verursacht, der in der Nutzenabschätzung berücksichtigt werden muß.

Bitfelder

Den 'kleinsten' Datentyp, den C bietet, ist ein Byte, charakterisiert durch den Typnamen `char`. Sollen kleinere Dateneinheiten, wie z.B. ein Bit, verarbeitet werden, besteht eine Möglichkeit darin, jedes Bit in einem Byte unterzubringen. Die daraus resultierende Verschwendung von Speicherplatz ist gerade bei Rechnern mit begrenzten Systemresourcen nicht zu vertreten.

Für eine Werkzeugmaschine wird die Konfiguration u.a. durch den Typ der Ölpumpe, der Motorgröße und der Ausrüstung mit bis zu 4 Temperaturfühlern an verschiedenen Positionen gekennzeichnet. Es sind jeweils 4 verschiedene Ölpumpen und 8 Motorgrößen vorgesehen. Zur eindeutigen Darstellung dieser Informationen reichen 2 bzw. 3 Bits. Das Vorhandensein eines Temperaturfühlers kann jeweils durch ein einzelnes Bit repräsentiert werden. Um all diese

Informationen in einem Wort (=2 Bytes) unterzubringen bietet sich die Verwendung eines Bitfeldes an.

Die Struktur eines Bitfeldes wird durch das Schlüsselwort `struct`, wie eine Struktur, eingeleitet. Innerhalb dieser Struktur können jedoch lediglich Elemente des Typ `int` (`signed` oder `unsigned`) aufgenommen werden. Diesem Element wird, durch einen Doppelpunkt getrennt, die Datenbreite in Bits mitgegeben.

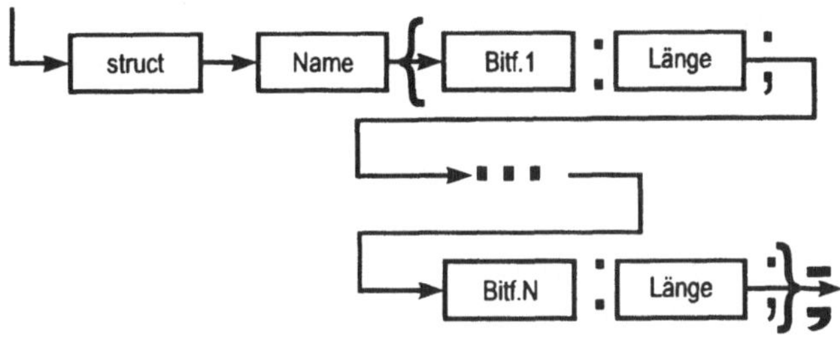

Abb. 1-24: Deklaration eines Bitfelds

Der Zugriff auf die einzelnen Elemente erfolgt wie von den Strukturen gewohnt. Es ist lediglich die Anwendung des Adreßoperators auf Strukturen nicht möglich und es können keine Felder gebildet werden. Für das oben skizzierte Problem ist das Bitfeld folgendermaßen auszulegen:

```
struct {
    int pumpe : 2;
    int motor : 3;
    int temp1 : 1;
    int temp2 : 1;
    int temp3 : 1;
    int temp4 : 1;
    }konfig;
...
konfig.pumpe=2; /* Pumpe XY */
...
```

**Beispiel:
Bitfeld**

```
konfig.temp2=0; /* nicht vorhanden */
konfig.temp3=1; /* vorhanden */

...
```

Die interne Speicherbelegung ist abhängig vom verwendeten Übersetzer. In unserem Fall kann davon ausgegangen werden, daß die komplette Struktur in einem Wort (16 Bits) untergebracht wird. Von den zur Verfügung stehenden 16 Bits werden 9 benutzt. Die restlichen 7 können noch anderweitig verwendet werden.

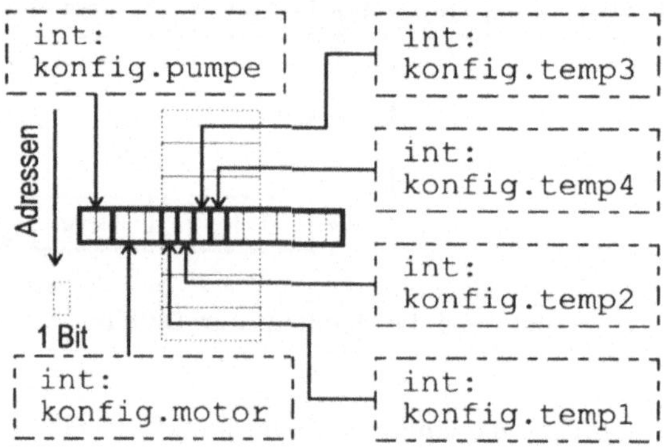

Abb. 1-25: Konfiguration über ein Bitfeld

Befinden sich auf der Rechnerplatine sogenannte DIP-Schalter, so liegt es nahe, diese Schalter entsprechend der Bedeutung der einzelnen Bitpositionen mit Hilfe von Bitfeldern zu modellieren. Dazu ist eine passende Struktur zu bilden und ein Zeiger auf diese geeignet zu setzen. Voraussetzung ist, daß die DIP-Schalter wie Speicher lesbar sind. Leider ist die Reihenfolge der einzelnen Bitfelder nicht normiert, so daß man an dieser Stelle von Versuchen abhängig ist.

Alternative: Bitarithmetik

Eine Alternative zur Verwendung von Bitfeldern ist die Benutzung der Bit-orientierten Arithmetik der Sprache C. Auch so lassen sich gezielt einzelne Bitpositionen manipulieren und abfragen, wie das nächste Beispiel zeigt:

```
#define TEMP1 0x0001
#define TEMP2 0x0002
#define TEMP3 0x0004
#define TEMP4 0x0008
...
unsigned int konfig=0;
...
konfig |= TEMP1; /* setzt BIT */
if(konfig & TEMP2) /* testet BIT */
  tuwas();
...
```

Zu beachten sind die korrekte Zuordnung zwischen den Symbolen und dem die Bitposition beschreibenden Zahlenwert. Welcher Variante der Vorzug zu geben ist, läßt sich nicht eindeutig beurteilen. Der Programmierer wird seine persönlich motivierte Auswahl treffen. Bitfelder bieten den Vorteil der übersichtlicheren Darstellung, während die Bitarithmetik dem Programmierer die bessere Kontrolle über die Verwendung der einzelnen Bits bietet. Da den meisten C-Programmierern die Kontrolle des erzeugten Codes wichtig ist, ist in kommerziellen Programmquellen zumeist die letztere Form anzutreffen.

Zeigerverarbeitung

Zeiger sind ein wichtiges Kapitel der Programmiersprache C. Ohne sie läßt sich nur schwer ein sinnvolles Programm schreiben. Für den mit Zeigern nicht vertrauten Anwender ist es wichtig, sich intensiv mit Zeigern und den Umgang mit ihnen zu beschäftigen, da viele Fehlerquellen in ihrem Umfeld zu suchen sind. Andererseits bieten gerade Zeiger genial einfache und effiziente Lösungen !

Dieses Kapitel kann nur eine Einführung in die Problematik enthalten. Wichtig für den korrekten Gebrauch der Zeiger ist eine gewisse programmiertechnische Fertigkeit und der wiederholte Umgang mit ihnen. Aus diesem Grunde wird auch in dem nächsten Kapitel 'Zeichenkettenverarbeitung' intensiv der Gebrauch von Zeigern geübt. Wie immer bei C liegt ein großer Teil der Verantwortung beim Programmierer.

Zeiger

Zeiger haben die Eigenschaft, daß sie insbesondere ihrem Namen gerecht werden: Sie zeigen auf etwas Wichtiges. Sie selbst enthalten keine Nutzdaten, sondern sie bilden lediglich eine Referenz auf diese. Damit ist klar, daß jeder Zeiger eine identische Größe haben muß. Denn die Größe hängt von der Referenz des Rechners auf seine Speicherelemente ab, also letztendlich von der Breite seiner Adreßregister. Bei einer Maschine mit 16-Bit breiten Adreßregistern ist für alle Zeiger eine Datenbreite von 16 Bits vorzusehen.

Anders sieht es jedoch mit dem Datum aus, auf das der Zeiger eine Referenz bildet. Dieses Datum kann, abhängig von seinem Typ, eine beliebige Ausdehnung besitzen. Daraus kann abgeleitet werden, daß jeder Zeiger mit einem Typ verbunden sein muß. Mit der Typisierung wird festgelegt, wie das Datum beschaffen ist, auf das der Zeiger zeigt. Bei der Deklaration eines Zeigers wird genau dieser Typ mit dem Zeiger verbunden.

Datentyp

Damit ist ein Zeiger nicht einfach nur ein Zeiger, sondern ein Zeiger auf ein Datum eines bestimmten Datentyps. Bei der Definition eines Zeigers ist der Inhalt zunächst unbestimmt. Damit ist auch die Referenz auf ein definiertes Datum nicht gegeben, sondern muß erst zur Laufzeit dem Zeiger zugewiesen werden.

Elementare Bedeutung zum Umgang mit Zeigern besitzen zwei Operatoren, der Adreßoperator & und der Dereferenzoperator *. Der Adreßoperator liefert die Adresse eines bekannten Datums. Zu jedem Datum läßt sich so die ihm eigene Referenz ermitteln. Der Dereferenzoperator geht den umgekehrten Weg, er ermittelt den Inhalt einer Referenz. Damit ist es möglich, über die Kenntnis eines Zeigers, einen Zugriff auf das Datum selbst zu erlangen.

Operatoren & und *

Bei der Definition eines Zeigers wird der Dereferenzoperator benutzt, um zu verdeutlichen, daß nicht das Datum selbst gemeint ist, sondern lediglich ein Zeiger. Die Regeln zur Definition eines Zeigers sind identisch mit denen zur Definition 'normaler' Daten. Mit diesem Wissen gewappnet ist es kein Problem, einen Zeiger zu definieren und über den Dereferenzoperator auf das Datum zuzugreifen, das dieser referenziert.

Definition

```
int *ptr1;

*ptr1 = 3; /* Viel Spaß !!! */
...
```

Was ist in dem Beispiel erreicht worden ? Der Übersetzer hat lediglich Speicher zur Ablage des Zeigers bereitgestellt. Zu Beginn der Programmlebensdauer wird bei statischen Variablen (außerhalb einer Funktion definiert) zunächst der Inhalt dieser Speicherzellen Null sein. Der Zeiger zeigt daher auf ein zufälliges Datum, welches sich an der Speicherstelle mit der Referenz Null befindet.

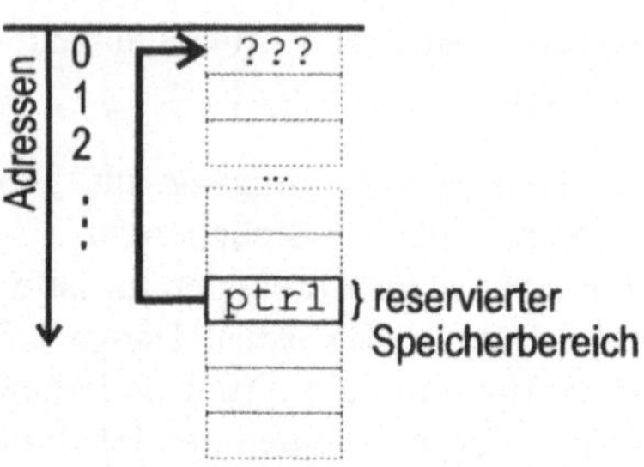

Abb. 1-26: Datenzugriff über einen Nullzeiger

Vor dem Zugriff auf ein Datum mittels eines Zeigers ist zunächst zu garantieren, daß der Zeiger überhaupt auf ein gültiges Datum zeigt. Ist dieses nicht der Fall, wird ein beliebiger Speicherbereich verändert, was fatale Folgen haben kann. Falls fatal der direkte Absturz bedeutet, ist der Fehler recht schnell gefunden. Ist dagegen das Fehlverhalten des resultierenden Programms eher zufälliger Natur, dürfen Sie sich auf eine langwierige und spannende Fehlersuche gefaßt machen. Sollten Sie jedoch weniger an Fehlersuche, als an der Erstellung einer Applikation interessiert sein, gilt es einige Grundregeln zu beachten.

NULLZEIGER

Zurück zu unserem Beispiel. Wir haben noch einmal Glück gehabt, da ein sogenannten Nullzeiger verwendet wurde. Der Zeiger hat den Inhalt Null und es wird daher auf die Speicherstelle mit der Adresse Null zugegriffen. Da dieser Fehler häufiger vorkommt, werden die ersten Speicherstellen des Datenbereichs von einem C-Programm nicht benutzt. Gibt es nur einen Zeiger auf diese Speicherstelle mit der beliebten Adresse Null, funktioniert das Programm reibungslos. Also kein Grund sich aufzuregen ?

Doch, was ist, wenn ein zweiter Nullzeiger vorhanden ist? Die Frage ist rein rhetorisch gemeint, da das Resultat nicht zu einem funktionierenden Programmablauf führen kann. Daher ist ein Mechanismus in die Laufzeitumgebung von C eingeführt worden, der beim Verlassen des Programms die Unversehrtheit der ersten Speicherstellen des Datenbereichs überprüft. Sind diese vom Programm verändert worden, kann die Ursache nur ein Datenzugriff über einen Nullzeiger sein. In diesem Fall wird die Fehlermeldung 'Null Pointer Assignment' nach dem Verlassen des Programms ausgegeben.

Leider kann diese Fehlermeldung nicht bei Auftreten des fehlerhaften Zugriffs ausgegeben werden. Zeigt ein Programm dieses Verhalten, ist umgehend der fehlerhafte Zeiger zu ermitteln. Jedes Aufschieben der Fehlersuche führt zu einem weiteren Anwachsen des Programmtextes und erschwert das Auffinden der Fehlerursache. In hartnäckigen Fällen hilft hier ein Debugger, der einen Breakpoint auf die Speicherstellen 0, 1, . . . ermöglicht.

Null Pointer Assignment

Der Fehlerfall 'Null Pointer Assignment' kann sicher vermieden werden, wenn vor jedem Datenzugriff über einen Zeiger eine Abfrage auf den Wert Null stattfindet. Weist ein Zeiger einen Wert gleich Null auf, muß auf einen Datenzugriff verzichtet werden.

```
...
if(ptr1)
  *ptr1=3;
...
```

In einem optionalen else-Zweig läßt sich eine Fehlermeldung ausgeben. Die Abfrage ist immer dann erforderlich, wenn der Inhalt eines Zeigers nicht garantiert werden kann. Dieses ist z.B. immer bei dynamischen Speicheranforderungen, Dateiverwaltungen, etc. der Fall. Überlegungen zur Laufzeitoptimierung dürfen an dieser Stelle keine Rolle spielen.

Undefinierte Zeiger

Besitzt ein Zeiger einen von Null verschiedenen, aber trotzdem undefinierten Wert, dann hilft auch die Abfrage nicht. Undefinierte Werte kommen vor allem bei Zeigern vor, die lokal innerhalb von Funktionen definiert wurden, also von der Lebensdauer automatisch sind. Daher ist es sinnvoll, Zeiger möglichst umgehend nach ihrer Definition zu initialisieren. Zumindest ist ihnen der Wert Null zuzuweisen,

um sie als ungültig zu kennzeichnen und einen Test auf
Gültigkeit zu ermöglichen.

```
main()
  { int *ptr = (int*)0; /* ungültig ! */;
    int i=0;

    ...

    if(ptr) /* Test jetzt möglich */

      ...

    ...

    ptr = &i; /* ptr=Adresse von i */

    ...

  }
```

Zuweisung

Soll ein Zeiger auf ein bestimmtes Datum zeigen, kann mit
Hilfe des Adreßoperators die Referenz auf ein Datum bestimmt und dem Zeiger zugewiesen werden. So zeigt `ptr`
nach der Zuweisung in dem obigen Beispiel auf die Variable
`i`. Zu beachten ist, daß eine korrekte Typisierung
gewährleistet ist.

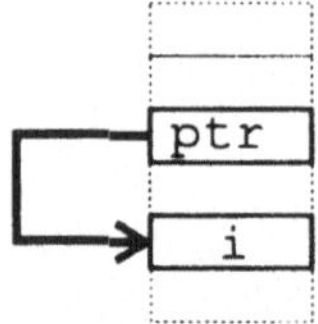

Abb. 1-27: Zeiger auf ein Datum

Soviel also zunächst zur Problematik der Zeiganwendung.
Auf unerlaubte Datenbereiche zeigende Zeiger sind verbreitete Fehlerquellen. Kein C-Programmierer wird sie gänzlich vermeiden können. Durch sorgfältiges Arbeiten kann ihr
Auftreten jedoch entschieden minimiert werden.

Call by value

Kommen wir zu sinnvollen Anwendungen von Zeigern. Bei
den Funktionsaufrufen, wie sie bisher betrachtet wurden,
können Parameter lediglich als Wert übergeben werden.

Damit wird eine Kopie des Parameters auf dem 'Stack' angelegt, mit der die Funktion arbeitet.

```
int a;

void func(int b)
  { int x;
    x = b * 5;
     ...
  }

...
a=3;
func(a);
...
```

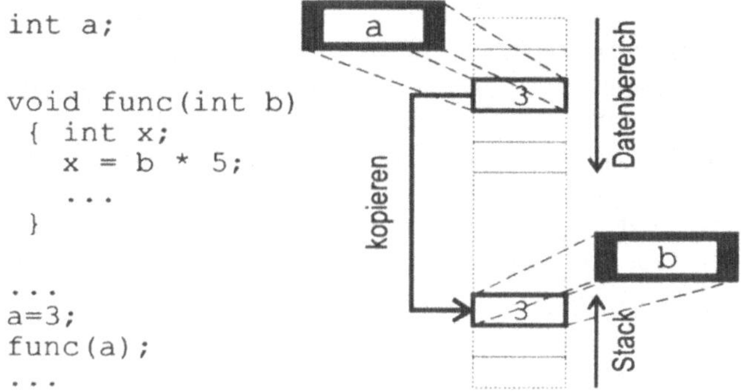

Abb. 1-28: Wertparameter

Aus der Abbildung geht hervor, daß eine Änderung von b
innerhalb der Funktion func keinerlei Auswirkung auf den
ursprünglichen Wert a haben kann.

Ist eine Rückwirkung von Änderungen erwünscht, bietet C
dazu zunächst keine Möglichkeit. Alle Parameter werden als
Kopie des Wertes übergeben. Für das schon erwähnte
Programm zum Einlesen von Meßwerten soll nun eine
Funktion erstellt werden, die eine feste Anzahl von
Meßwerten in ein als Parameter übergebenes Feld einliest.

Call by reference

```
#define MAXANZ 1000
int werte[2][MAXANZ];
int aktWerte[MAXANZ];
...
void lese(int* feld, int anzahl)
  { int i;
    if(anzahl > MAXANZ)
      anzahl=MAXANZ; /* max. Index */
    for(i=0;i<anzahl;i++)
      feld[i]=readAD(); /*Wert lesen*/
```

```
            }
            . . .
```

Da das Feld `feld`, bestehend aus `MAXANZ` Integerzahlen, als Zeiger innerhalb der Funktion `lese()` auszuwerten ist, können die Werte direkt in dem Feld abgelegt werden. Dieses Vorgehen erspart die Mühe (und Rechenzeit !), Werte kopieren zu müssen, was im Falle der Verwendung eines Feldes als Rückgabewert einer Funktion notwendig wäre. Die Möglichkeit Strukturen und Felder als Parameter und Rückgabewerte zu verwenden, bieten nur die neueren, ANSI-konformen Übersetzer.

Stackgröße

Achtung, der Vorschlag größere Datenmengen als Rückgabewert oder Parameter einer Funktion zu verwenden, hat einen großen Haken, der mit der internen Datenstruktur zusammenhängt. Diese speziellen Variablen werden normalerweise auf dem Stack des System abgelegt. Dieser hat eine begrenzte Größe. Gängige Größen sind in der Voreinstellung z.B. 2000 Bytes. Würde unser oben erwähntes Feld als Parameter und nicht als Referenz übergeben, wäre dieser Speicherbereich bereits erschöpft. Der Übersetzer erzeugt in diesen Fällen keine Fehlermeldung !

Zusätzlich zu den lokalen Daten befinden sich die Rücksprungadressen für die Programmfortführung nach einem Funktionsaufruf auf dem Stack und der Datenbereich schließt sich direkt an den Stack an. Ein Überschreiten führt daher zu unvorhersehbaren Ergebnissen. Wenn Sie umfangreiche Daten auf dem Stack benutzen, muß dieser Speicherbereich ggf. vergrößert werden. Umfangreiche Datentypen sind potentiell alle Felder und Strukturen.

Zeiger als Parameter

Die Verwendung von Referenzen hilft die Datenmengen zu reduzieren und führt zu effizienteren Funktionsaufrufen, da wesentlich kleinere Datenmengen zu kopieren sind. Werden Werte modifiziert, die als Referenz an eine Funktion übergeben wurden, ist es sinnvoll, diese genau zu dokumentieren, um den Benutzer einer Funktion von diesem Seiteneffekt in Kenntnis zu setzen.

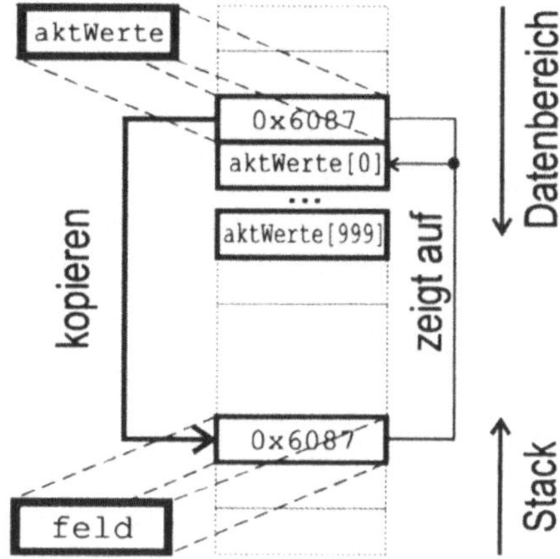

Abb. 1-29: Zeiger als Parameter

In dem Beispiel oben wurde ein Zeiger auf eine Integerzahl
(int*) mit dem Namen feld als Parameter vereinbart.
Der Zugriff auf diesen Parameter erfolgte jedoch mittels des
[]-Operators mit Hilfe der Anweisung feld[i]=...; .
Hier zeigt sich, daß zwischen einem Zeiger und einem Feld
eine gewisse Verwandtschaft besteht. Beide verwalten Daten
eines Typs. Ein Zeiger läßt sich wie ein Feld benutzen, wie
die Verwendung des []-Operators zeigt. Der Programmierer
hat zu gewährleisten, daß auch gültige Daten an der von dem
Zeiger regenerierten Speicherstelle vorhanden sind. Dabei ist
der Index zu berücksichtigen.

Zeiger
<=>
Feld

Um ein Feld in einen Zeiger zu überführen, besteht eine
Möglichkeit darin, die Adresse des ersten Elementes zu
verwenden:

```
ptr = &feld[0];
```

Diese Form ist gleichbedeutend mit der Schreibweise:

```
ptr = feld; /* ohne [] ! */
```

Für mehrdimensionale Zeiger gilt ein analoges Verfahren.
Dabei ist die bereits erwähnte Anordnung der Speicherstellen

zu berücksichtigen. Der Aufruf für die Funktion `lese()` wird in dem folgenden Beispiel präzisiert.

```
...
lese(aktWerte,100);
...
lese(werte[0],MAXANZ);
...
lese(werte[1],10);
...
```

Der Zeiger auf eine Integerzahl `werte[0]` zeigt auf die Adresse von `werte[0][0]`. Er wäre damit auch über den Ausdruck `&werte[0][0]` zu ermitteln gewesen. Mittels `werte[1]` (oder `&werte[1][0]`) wird die Referenz auf das 2. Element des Feldes mit `MAXANZ` Zahlen bereitgestellt.

Da die Zeiger `werte`, `werte[0]`, `werte[1]` nicht explizit definiert worden sind, bilden sie lediglich sogenannte RValues. Dieses bedeutet, daß sie nur für den Übersetzer sichtbar sind und kein Speicherplatz für sie angelegt wird. Sie können daher lediglich auf der rechten Seite von Zuweisungen verwendet werden.

Für die Variable `feld` gilt diese Einschränkung nicht. Die direkte Zuweisung eines Wertes zu einer Zeigervariablen haben wir bereits behandelt. Hier ist lediglich die Forderung nach durchgängiger Typisierung und korrekter Speicherzuordnung zu beachten. Auf Zeiger lassen sich auch die Befehle zur ganzzahligen Arithmetik anwenden. Hierbei ist im besonderen Maße auf die korrekte Speicherzuweisung zu achten. Auf die fatalen Folgen, die das Beschreiben unerlaubter Speicherbereiche nach sich zieht, ist schon hinreichend hingewiesen worden. Also Vorsicht !

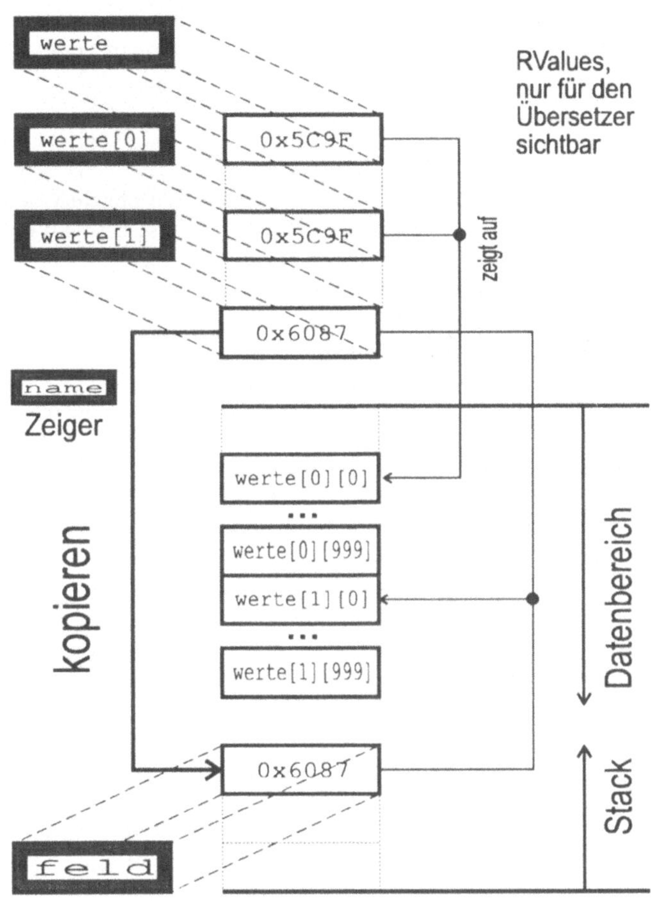

Abb. 1-30: Implizite Referenzen als RValue

Die Funktion `lese()` läßt sich auch mit Hilfe der Zeigerarithmetik formulieren.

Zeigerarithmetik

```
void lese(int* feld, int anzahl)
  { int *ptr;
    if(anzahl > MAXANZ)
        anzahl=MAXANZ; /* max. Index */
```

```
for( ptr=feld; ptr<feld+anzahl;ptr++)
    *ptr = readAD(); /*Wert lesen*/

}
```

Der gelesene Wert wird an die Speicherstelle abgelegt, auf die der Zeiger `ptr` zeigt. Die Speicherstelle selbst wird mit Hilfe des Dereferenzoperators `*` angesprochen (`*ptr`). Der Zeiger `ptr` wird bei jedem Schleifendurchlauf um den Wert 1 erhöht. Dabei zeigt er auf die nächste Speicherstelle oder besser auf das nächste Element.

Die Basis für die Zeigerarithmetik ist nicht die Einheit der Adreßberechnung des Systems, zumeist ein Byte, sondern die Größe des referenzierten Datentyps, egal ob Basistyp, Struktur oder Feld. Daher ist es möglich, das nächste Element eines Feldes durch das Inkrementieren des Zeigers um den Wert 1 zu erreichen.

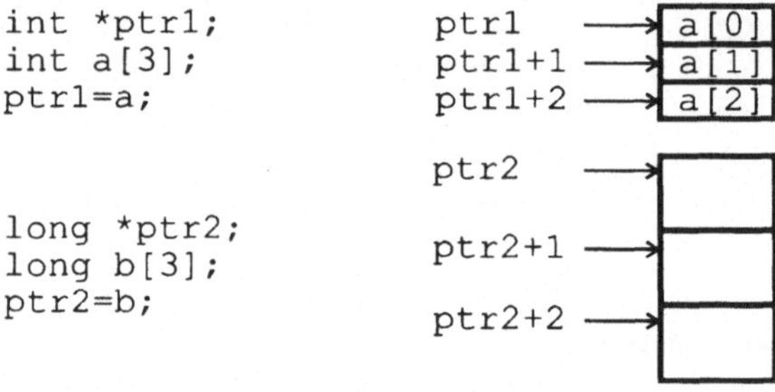

Abb. 1-31: Speicherstruktur

In der Abbildung wurde davon ausgegangen, daß ein `int` die Größe 2 Bytes und der Typ `long` die doppelte Länge, nämlich 4 Bytes besitzt. Die wirkliche Größe der einzelnen Datentypen kann von Übersetzer zu Übersetzer variieren. Der Operator `sizeof()` jedoch ermittelt die Größe immer in Bytes.

Daher ist der Operator `[]` auch mit Hilfe der Zeigerarithmetik zu formulieren. Der Ausdruck `werte[i]` entspricht vollständig der Schreibweise `*(werte+i)`. Damit wird plausibel, warum eine Bereichsüberprüfung des Index in der Sprache C nicht vorgesehen wurde. Eine konsequente Bereichsüberprüfung ist durch die vielfältigen Möglichkeiten der Sprache C undenkbar. Weitere Beispiele zu dem Thema Zeiger und Felder sind in dem nächsten Kapitel 'Zeichenkettenbearbeitung' zu finden.

Strukturen können ebenso wie alle anderen Datentypen Elemente eines Feldes sein. Das nächste Beispiel zeigt ein Feld auf den schon bekannten Punkt und die Verwendung von Zeigern auf eine Struktur.

Zeiger auf Strukturen

```
struct punkt {
   int x;
   int y;
   };
struct punkt p[3];
struct punkt *ptr;

...

ptr=p;
(*ptr).x=1; /* Operatorenvorrang        */
(*ptr).y=1; /* beachten !!! != *ptr.y */
(*ptr+1).x=2; /* nächster Punkt p[1]   */

...
```

Operator ->

Für den Zugriff auf ein Element einer Struktur ist zunächst die Referenz auf die Struktur zu ermitteln. Dieses geschieht durch den Ausdruck `*ptr`. Das Element wird durch den Zugriffoperator `.` angesprochen. Die Schreibweise `*ptr.x` führt jedoch zu einer Fehlermeldung, da der Operator `.` Vorrang vor dem Operator `*` besitzt. Damit ist `ptr.x` nicht zulässig, da `ptr` keine Struktur mit dem Element `x` ist. Die Verwendung von Klammern zur korrekten Auswertung des Ausdrucks ist damit unerläßlich. Da die Schreibweise

```
(*ptr).x = ... ;
```

sehr umständlich ist, wurde der Operator -> eingeführt, der zur Vereinfachung beiträgt. Vollständig äquivalent läßt sich damit der obige Ausdruck in einer abgekürzten Form formulieren.

```
ptr->x = ... ;
```

Diese Vereinfachung ist sinnvoll, da Zeiger auf Strukturen recht häufig verwendet werden.

Void-Zeiger

Wer bedauert hat, daß es den Zeiger schlechthin nicht gibt, kann an dieser Stelle aufatmen. Zumindest teilweise, denn immer ist ein Zeiger mit einem Typ zu verbinden. Zum einen ist dieses für die korrekte Funktion der Zeigerarithmetik unabdingbar, zum anderen bietet die Typprüfung ein wichtiges Hilfsmittel um semantische Fehler entdecken zu können.

Gemäß der Typenvereinbarung in C können Zeiger einen Zeiger auf ein `void` bilden, also einen unbestimmten Typ referenzieren. Die Verwendung eines solchen Zeigers ist zum Beispiel sinnvoll, um Funktionen für verschiedene Datentypen anwendbar zu machen. Ein Beispiel bietet die Bibliotheksfunktion `qsort()`, die in einem späteren Kapitel behandelt wird. Vor der Verwendung eines solchen Zeigers für einen Datenzugriff ist eine entsprechende Typkonvertierung vorzunehmen. Zu beachten ist, daß durch dieses Vorgehen die Typprüfung durch den Übersetzer außer Kraft gesetzt wird. Damit liegt die volle Verantwortung beim Programmierer.

Zuweisung

Zeiger lassen sich einander zuweisen, da sie gleichen Typs sind. Nicht zu vergessen ist hierbei, daß lediglich die Referenz von einem Zeiger in den anderen kopiert wird.

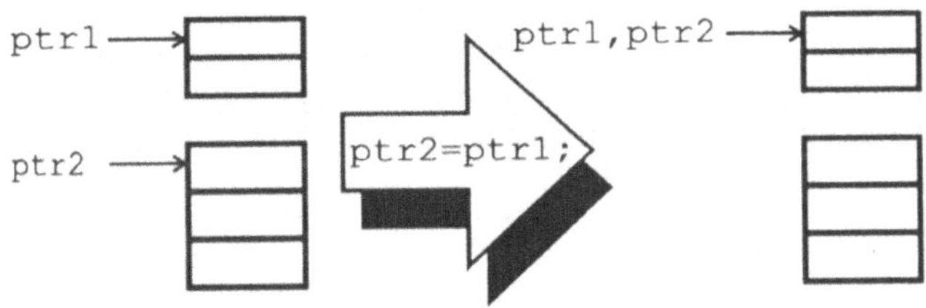

Abb. 1-32: Zuweisung von Zeigern

Der Inhalt der referenzierten Datenbereiche bleibt vom Umkopieren der Zeiger unbeeinflußt. Im Extremfall kann es passieren, daß, wie in der Abbildung gezeigt, reservierte Speicherbereiche nicht mehr anzusprechen sind. Die über `ptr2` referenzierten Speicherzellen sind nach der Zuweisung nicht mehr zugänglich. Nach der Zuweisung zeigen sowohl `ptr1` als auch `ptr2` auf identische Daten im Speicher.

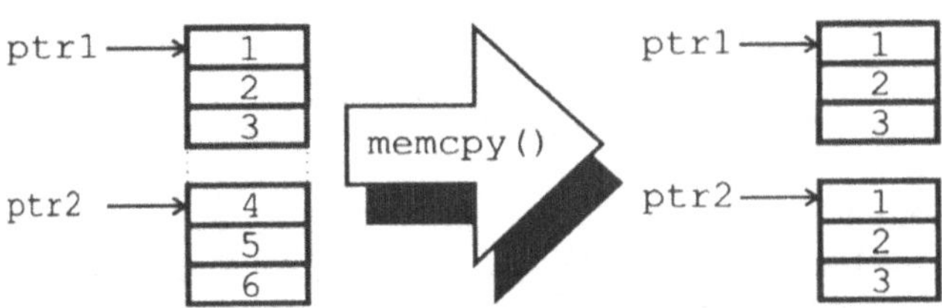

Abb. 1-33: Kopieren von Daten

Soll eine Kopie des Datenbereichs angelegt werden, so daß beide Zeiger auf verschiedene Daten gleichen Inhalts zeigen, ist die Bibliotheksfunktion `memcpy()` zu verwenden. Hierzu mehr im Kapitel 'Bibliotheksfunktionen'. Wichtig ist die Unterscheidung zwischen identischen Zeigern und identischen Daten. Im ersten Fall referenzieren zwei Zeiger ein identisches Datum, während im zweiten Fall die Zeiger auf verschiedene Daten gleichen Inhalts zeigen.

Da Zeiger universell einzusetzen sind, liegt es nahe, auch Zeiger auf Zeiger einzuführen. Es ist dann wiederum auch

Zeiger auf Zeiger

möglich, einen Zeiger auf einen Zeiger auf einen Zeiger usw. zu definieren. Auf die skizzierte Variante sollte wegen der resultierenden Unübersichtlichkeit nur in Ausnahmefällen zurückgegriffen werden.

```
int *p;
int **pp;
```

Der Zeiger p ist ein schon bekannter Zeiger auf ein Datum vom Typ int. Anders der Zeiger pp, er zeigt auf einen ebensolchen Zeiger auf eine Integerzahl. Der Dereferenzoperator ist mit der gleichen Anzahl der vorzunehmenden Derefrenzierungen zu verwenden. Da eine zweifache Dereferenzierung vorliegt, müssen auch zwei * - Operatoren zur Anwendung kommen. Die Zuweisungen verlaufen nach dem schon bekannten Schema.

```
   . . .
pp=&p;
**pp=3;
   . . .
```

Beispiel: Datensatz

Sinnvoll anzuwenden sind Zeiger auf Zeiger immer dann, wenn Zeiger zu verwalten sind. Ein Beispiel sei ein Maschinendatensatz, in dem als ein Element Geschwindigkeitsprofile als Integerzahl in einem Feld gespeichert sind. Die Geschwindigkeitsprofile sind jedoch wiederum abhängig von dem gewählten Werkstück. Für jedes Werkzeug sind eine Auswahl der allgemein verfügbaren Profile gültig.

```
/* Liste der verfügbaren Profile      */
/* Feldgrößen hier einmal kein Symbol */
int profile[5][4]={{10,20,50,70},
                   {11,21,51,71},
                   {12,22,52,72},
                   {15,30,70,90},
                   {16,31,71,91}};

int *wkz_prof[3];    /* Profile zu einem
```

```
                    Werkzeug gehörig */

    void optimiereWkzProfil(int **wkz_prof);
    void optimiereWkzProfil(int **wkz_prof)
     { ...
        wkz_prof[i][j]= ... ;
        **(wkz_prof+x)= ... ; /* Alternative */
     }


    ...

    wkz_prof[0]=profile[1];

    wkz_prof[1]=profile[3];

    wkz_prof[2]=profile[4];

    ...

    optimiereWkzProfil(wkz_prof);

    ...
```

Die Funktion `optimiereWkzProfil()` hat zur Aufgabe, eine Neuberechnung der zu dem Werkzeug gehörigen Geschwindigkeitsprofile vorzunehmen. Dabei wird ihr eine Referenz auf das Feld übergeben, in dem die Zeiger auf die eigentlichen Profile enthalten sind. Auf die Verwandtschaft zwischen Zeiger und Felder ist schon einmal hingewiesen worden. Aus diesem Grund kann der Zugriff auf einzelne Geschwindigkeiten übersichtlich mit Hilfe des Feldzugriffsoperators `[]` bzw. `[][]` geschehen.

Zeiger auf Funktionen ermöglichen es, zur Laufzeit die Reaktion auf ein Ereignis zu ändern. Im Gegensatz zu einer vorgeschalteten Abfrage ist der Overhead im Vergleich zu einem konventionellen Funktionsaufruf zu vernachlässigen. Sinnvoll kann so z.B. ein Menüeintrag oder ein Eingabefeld mit einer Funktion verbunden werden. Der zweite Anwendungsfall ist die Erstellung von allgemein verwendbaren Funktionen, die später von dem Anwender dieser Bibliotheksfunktion angepaßt werden müssen. Ein Beispiel hierzu ist Funktion `qsort()` der Standardbibliothek, ein Thema des Kapitels 'Standardbibliothek'.

Zeiger auf Funktionen

Kommen wir zum Beispiel Eingabefeld. In einer Zeile werden Zahlen dargestellt, die verändert werden können und bei Betätigen der Eingabetaste soll eine Reaktion ausgeführt werden. Insgesamt handelt es sich dabei um einen sogenannten Eingabefall. Die gesamte Eingabe, bestehend aus mehreren Eingabefällen, soll zur Laufzeit konfigurierbar sein. Dazu wird eine Liste, bestehend aus den gültigen Eingabefällen, erstellt, durch die z.B. mittels der Pfeiltasten gerollt werden kann. Ein Anwendungsfall sind z.B. Eingabefelder auf einem großen Bildschirm als Bestandteil einer Maske oder aber eine Zeile auf einer einzeiligen LCD-Anzeige. Die Realisation eines solchen einzelnen Eingabefalles soll hier gezeigt werden.

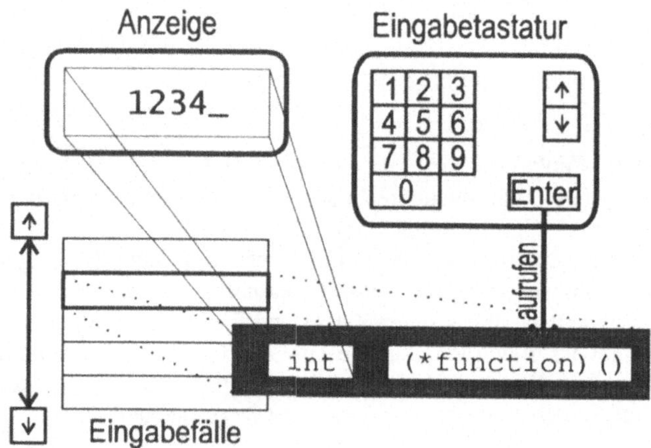

Abb. 1-34: Struktur der Eingabefälle

In der Struktur `EINGABEFALL` sind als Elemente der Zahlenwert, hier vom Typ `int`, und ein Zeiger auf eine Funktion enthalten. Die Funktion, auf die das zweite Element eine Referenz enthält, soll bei Betätigen der Eingabetaste aufgerufen werden.

Generell ist bei Zeigern auf Funktionen größte Vorsicht angebracht. Enthält ein solcher Zeiger einen ungültigen Wert, führt ein Funktionsaufruf über diesen Zeiger zu unvorhersehbaren Reaktionen des Systems !

Die Definition eines Zeigers auf eine Funktion muß den Rückgabewert und die Parameter der Funktion typisieren. Der Name des Funktionszeigers ist mit dem Dereferenzoperator * zu versehen.

```
void (*folgeFkt)(int);
```

Die Klammerung um den mit dem *-Operator versehenen Namen ist aufgrund des Operatorenvorrangs notwendig. In unserem Beispiel ist ein Zeiger auf eine Funktion mit einer Integerzahl als Parameter und keinem Rückgabewert (void) definiert worden. Der Aufruf einer solchen Funktion nimmt folgende Gestalt an:

```
(*folgeFkt)(2);
```

Doch vor dem Aufruf muß der Zeiger folgeFkt mit einer gültigen Referenz auf eine Funktion mit entsprechenden Parameter- und Rückgabetypen versehen werden.

```
void funktion(int);
...
void funktion(int i)
  { ...;
  }


...
folgeFkt = funktion; /* ohne(): Referenz */
(*folgeFkt)(2); /* jetzt kein Problem !*/

...
```

Der Zeiger einer Funktion kann durch die Nennung des Namens ohne den Funktionsaufrufoperator () ermittelt werden. Doch jetzt zu dem folgenden Beispiel eines Eingabefalls.

```
#define MAXTEMP  100
#define MAXDRUCK  10
```

Eingabefälle

```c
#define MAXANZEGF  2
#define BOOLEAN unsigned char

typedef struct {
 int wert;
 BOOLEAN (*func)(int);
 }EINGABEFALL;


BOOLEAN eingabeTemp(int i);
BOOLEAN eingabeTemp(int i)
 { if( i>MAXTEMP )
    printf( "Temperatur: %d zu groß\n",i);
  else
    printf( "Temperatur: %d ok\n",i);
  return(i<=MAXTEMP);
 }


BOOLEAN eingabeDruck(int i);
BOOLEAN eingabeDruck(int i)
 { if( i>MAXDRUCK )
    printf( "Druck: %d zu groß\n",i);
  else
    printf( "Druck: %d ok\n",i);
  return(i<=MAXTEMP);
 }


EINGABEFALL eingaben[MAXANZEGF]= {
             { 0, eingabeDruck },
             { 1, eingabeTemp  }
             };

main()
 { EINGABEFALL *eingabe;
   eingabe=&eingaben[0];
   if(*eingabe->func)(eingabe->wert)
     ...;
```

```
eingabe->wert=10000;
if(*eingabe->func)(eingabe->wert)
  ...;
...
eingabe=&eingaben[1];
if(*eingabe->func)(eingabe->wert)
  ...;
eingabe->wert=10000;
if(*eingabe->func)(eingabe->wert)
  ...;
}
```

Je nach Inhalt der Struktur auf den Zeiger `eingabe` zeigt, werden die Funktionen `eingabeTemp()` bzw. `eingabeDruck()` über den Funktionszeiger `(*func)()` aufgerufen. Der Aufruf wird in jedem Fall mittels `(*eingabe->func)()` vorgenommen. Eine Anpassung zum Zeitpunkt des Aufrufs ist nicht notwendig. Ist der Operatorenvorrang nicht eindeutig geklärt, sollte dieser anhand einer Tabelle zum Operatorenvorrang kontrolliert werden. Der Operator zum Funktionsaufruf `()` besitzt einen hohen Vorrang.

Damit läßt sich jeder Eingabefall mit einer seiner Bedeutung entsprechenden Behandlung nach einer Eingabe versehen. Das Beispiel zeigt deutlich, wie komplexe Datenstrukturen und Zeiger angewendet werden können.

Zeichenketten

Zeichenketten sind ein Bestandteil fast jeden Programms. Zeichenketten bieten die Voraussetzung, um mit dem menschliche Benutzer auf kompakte und verständliche Art zu kommunizieren. Dazu gehören Benutzereingaben, Systemmeldungen und Fehleranzeigen. Der Schlüssel zu den Zeichenketten sind die einzelnen Buchstaben, die vom Typ `char` sind. Ein `char` repräsentiert in kodierter Form einen Buchstaben. Eine gebräuchliche Codierung ist die ASCII-Darstellung. Wie der Name Zeichenkette schon impliziert, sind darunter Felder, bestehend aus Buchstaben (Typ `char`) gemeint. Damit lassen sich beliebige Worte, Sätze, usw. formen.

```
char wort[4]={'T','E','S','T'};
```

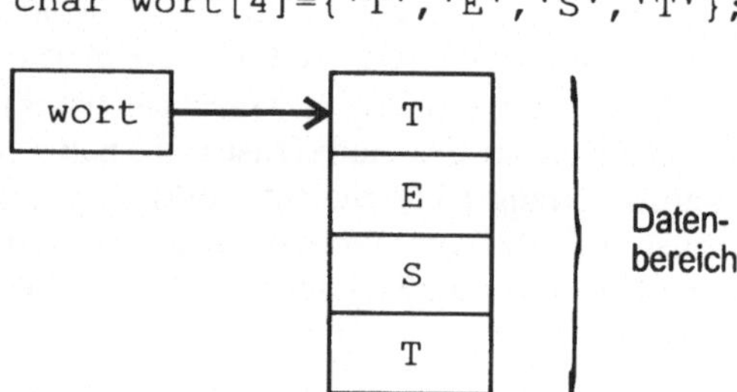

Abb. 1-35: Feld aus Elementen des Typs char

Die Abbildung zeigt eine Zeichenkette, wie sie mit den Regeln des vorangegangenen Kapitels zu bilden wäre. Für die Zeichenkettenbearbeitung ist enorm wichtig, die Länge zu kennen. In dem Beispiel wäre mittels des Operators `sizeof()` die Größe zu ermitteln. Die permanente Abfrage dieses Operators wäre ein kompliziert anzuwendendes und aufwendiges Verfahren. Unmöglich ist es zur Laufzeit die Größe der Zeichenkette `wort` festzustellen, wenn mittlerweile lediglich die beiden Buchstaben `'O'` und `'K'` in ihr abgelegt wurden.

```
wort[0] = 'O';
wort[1] = 'K';
```

Es ist daher erforderlich die Länge einer Zeichenkette zur Laufzeit bestimmen zu können und vor allem veränderlich zu gestalten. Der von C verwendete Lösungsansatz ist das Markieren des Endes einer Zeichenkette durch ein nicht verwendetes Zeichen. Dieses spezielle Zeichen ist in C das Zeichen mit dem dezimalen Wert 0 (Null), dargestellt in der Notation eines Zeichens durch '\0'. Damit ist jedes Feld, welches eine Zeichenkette enthalten soll, um ein Element größer zu dimensionieren. Dieses zusätzliche Element dient zur Aufnahme der abschließenden Null.

Länge einer Zeichenkette

```
char wort[5]={'T','E','S','T','\0'};
```

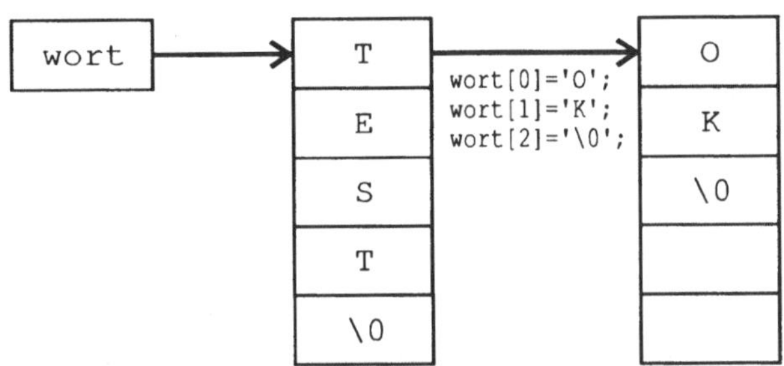

Abb. 1-36: Aufbau einer Zeichenkette

Das Feld `wort` ist daher als `char wort[5]` zu definieren. Wird die kürzere Zeichenkette bestehend aus den beiden Buchstaben 'O' und 'K' zugewiesen, kann durch die abschließende Null zur Laufzeit das Ende der Zeichenkette erfragt werden. Die abschließende Null darf bei der Zuweisung nicht vergessen werden. Um die umständliche Schreibweise von { 'T','E', ..., '\0'} zu vereinfachen, existieren die Zeichenkettenkonstanten der Form "TEST", die der ersteren Schreibweise gleichwertig sind. Es wird vor allem die abschließende Null angefügt.

Zeichen-konstanten

```
char wort[5]={'T','E','S','S','T','\0'};
char wort[5]="TEST";
```

string.h

Die Länge einer Zeichenkette ist durch die Funktion `strlen()` zu erfragen. Diese wertet die Null am Ende einer Zeichenkette aus. Für die Benutzung der Zeichenkettenfunktionen aus der Standardbibliothek ist die Zeile `#include <string.h>` dem Programm voranzustellen, um die Funktionsprototypen einzubinden.

```
#include <string.h>
...
size_t i;
char wort[10]="TEST";
i=strlen(wort);
...
```

strlen()

Als Rückgabewert wird von `strlen()` der Typ `size_t` verwendet, der auch bei dem bekannten `sizeof`-Operator den Rückgabewert typisiert. Als Parameter erwartet `strlen()` einen Zeiger auf einen `char`. Die abschließende Null wird nicht mitgezählt. In unserem Beispiel wird i der Wert 4 zugewiesen.

Eine weitere Möglichkeit eine Zeichenkette zu deklarieren besteht darin, einem `char`-Zeiger eine Zeichenkettenkonstante zuzuweisen.

```
char *str="TEST";
```

Zeiger auf Zeichenketten

In diesem Fall wird nicht nur für die Unterbringung der Zeichenkette Speicher reserviert, sondern auch für einen Zeiger. In unserem Fall werden z.B. 4 Bytes für den Zeiger `str` und weitere 5 Bytes für das Ablegen der Zeichenkettenkonstante benötigt.

```
char *str="TEST";
```

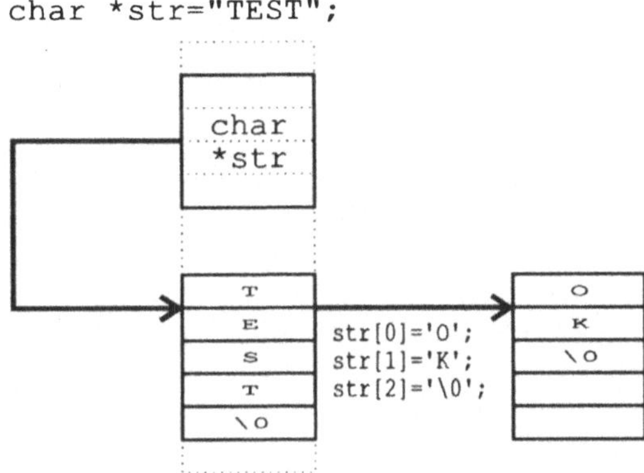

Abb. 1-37: Zeiger auf Zeichenketten

Wird während des Ablaufs des Programms `ptr` ein neuer Wert zugewiesen,

Zuweisung zu Zeichenketten

```
ptr="HALLO";
```

ist zu beachten, daß die Zeichenkette "TEST" nicht mehr ansprechbar ist und daher im folgenden unnötig Speicher belegt. Da `wort` lediglich dem Übersetzer bekannt ist und physikalisch kein im Datenbereich abgelegter Zeiger ist, kann ihm kein neuer Wert zugewiesen werden. Die Gesetze der Zeigerarithmetik und des Feldzugriffs gelten ohne Einschränkung, da Zeichenketten Felder sind. Zeichenketten weisen lediglich die Besonderheit auf, als terminierendes Element den Wert Null bzw. in Notation eines Buchstabens '\0' zu enthalten. Damit sind folgende Zugriffe bzw. Zuweisungen möglich:

```
wort[0]='O';    /* Feldzugriff             */
*(wort+1)='K';  /* wort als Zeiger, =[1]   */
ptr++;          /* Zeiger inkrementieren,
                   nächster Buchstabe      */
ptr[0]='T';     /* Zeiger als Feld         */
if(*ptr)        /* Test, ob Inhalt des Wertes
                   auf den ptr zeigt != 0  */
```

```
wort="TEST";   /* Zeichenkettenkonstante  */
ptr=wort;  /* ptr zeigt jetzt auf "TEST" */
ptr="HAL"
"LO";      /* entspricht "HALLO"         */
ptr="HAL\
LO";       /* \ verlängert Zeile         */
```

Die letzten beiden Zeilen zeigen, wie sich z.B. sehr lange Zeichenkettenkonstanten mit Hilfe des Operators \ aneinanderfügen lassen, wenn sie sich über mehrere Zeilen erstrecken. Damit lassen sich auch sehr lange Zeichenketten übersichtlich schreiben.

Um einer Zeichenkette einen neuen Inhalt zuzuweisen, reicht die einfache Zuweisung nicht. Die Elemente sind einzeln zu kopieren. Die schon erwähnte Funktion memcpy() könnte dazu verwendet werden.

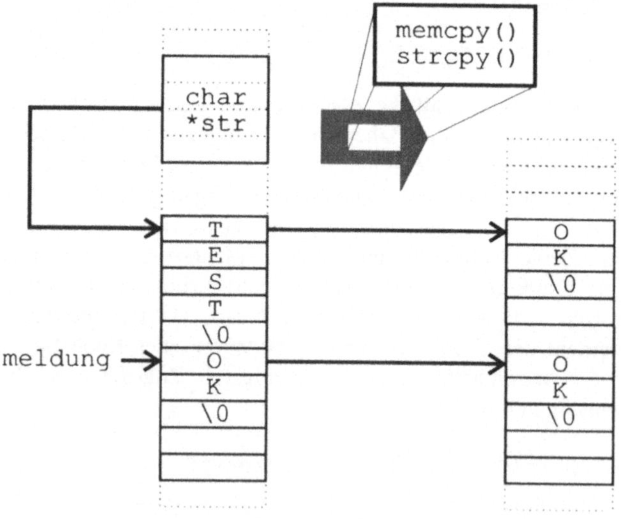

Abb. 1-38: Kopieren von Zeichenketten

Die Funktion `memcpy()` hat den Nachteil, daß die
Argumente in den Typ `(void*)` zu konvertieren sind und
die Länge der zu kopierenden Zeichenkette zu ermitteln ist,
obwohl diese aus der Zeichenkettendarstellung hervorgeht.
Die Funktion ist nicht für den Umgang mit Zeichenketten
optimiert.

```
char *str="TEST";
char meldung[5]="OK";
memcpy((void *)str,
          (void*)meldung,strlen(meldung));
...
strcpy(str,meldung);
...
```

Praktikabler ist die Bibliotheksfunktion `strcpy()`, die
zwei Zeichenketten oder besser zwei Zeiger auf ein Feld von
Buchstaben als Argument erwartet. Der Programmierer hat
dafür Rechnung zu tragen, daß die Zeichenkette, die als
Quelle dient, nicht die Länge der Zielzeichenkette
überschreitet. Das Ziel ist das erste Argument der Funktion
`strcpy()`. Zu fatalen Fehlern führt daher die folgende
Anweisung:

strcpy()

```
strcpy(str,"Ich bin zu lang!");
```

Diese Anweisung überschreibt den Speicherbereich, der sich
an die Zeichenkettenkonstante `"TEST"` anschließt, ohne
Rücksicht auf die darin enthaltenen Daten zu nehmen. Ist die
tatsächliche Länge einer Zeichenkette unbekannt, muß vorher
eine Überprüfung stattfinden.

```
#define MAXSTR 5
char str[MAXSTR]="TEST";
char meldung[3] ="OK";
...
if(strlen(meldung)<MAXSTR)
   strcpy(str,meldung);
...
```

Im Umgang mit Zeichenketten in C ist permanent darauf zu achten, daß die sogenannte Zeichenkette lediglich ein Zeiger auf ein Feld von Buchstaben ist. Dieses Feld ist als Besonderheit mit einem besonderen Zeichen,- '\0' abzuschließen. Insbesondere ist darauf zu achten, daß die reservierten Speicherbereiche von den Zeichenketten auch eingehalten werden und die abschließende Null **niemals** überschrieben wird. Die folgende Zuweisung führt mit tödlicher Sicherheit zu einem Chaos.

```
#define MAXSTR 5
char str[MAXSTR]="TEST";
char meldung[3] ="OK";
char c[MAXSTR];
...
str[MAXSTR-1]='T'; /*Überschreiben der 0*/
strcpy(c,str);     /* str zu lang ! */
...
```

Die Zeichenkette `str` hat nun den Inhalt "TESTTOK" mit einer geänderten Länge, die das Fassungsvermögen des Feldes `c` übersteigt. Damit werden ggf. wichtige Daten überschrieben. Die Länge der neu entstandenen Zeichenkette richtet sich lediglich danach, wo die nächste Null im Speicher zu finden ist. Um bei einem Kopiervorgang die maximale Zahl der zu kopierenden Elemente der Länge der Zielzeichenkette anpassen zu können, existiert die Funktion `strncpy()`. Diese Funktion enthält als zusätzlichen Parameter eine Angabe der maximalen Länge.

```
#define MAXLEN 20
char ziel[MAXLEN];
...
strncpy(ziel, str, MAXLEN];
ziel[MAXLEN-1] = '\0'; /* terminieren !*/
```

In der Standardbibliothek sind, neben den bereits erwähnten Funktionen `strlen()` und `strcpy()`, weitere Funktionen zum Vergleichen von Zeichenketten, der Suche eines Zeichens in einer Zeichenkette, der Verkettung zweier

Zeichenketten (der Operator + ist nicht anwendbar!), usw. enthalten. Weitere Details sind im Kapitel 'Standardbibliothek' zu finden.

Dynamische Speicherverwaltung

Variablen sind Speicherstellen, in denen Nutzdaten untergebracht werden. Die Daten unterscheiden sich jedoch in ihrer Lebensdauer. Globale Variablen sind im Rahmen der aktuellen Quelldatei immer gültig. Daten können aber auch nur in dem Block oder der Funktion, in der sie deklariert wurden, gültig sein. Diese Daten sind automatische Variablen. Automatisch bezieht sich auf die Lebensdauer des Datums, die nicht an die Programmlaufzeit, sondern an die Lebensdauer der Funktion gekoppelt ist, in der die Definition des Datums vorgenommen wurde.

```
int a;
...
main()
  { int i;
    ...
  }
```

Die Variable a befindet sich im globalen Datenbereich der C Laufzeitumgebung. Diese Daten werden einmal zum Start des Programms initialisiert. Die Initialisierung besetzt im Standardfall alle Daten mit dem Wert Null. Die Lebensdauer dieser Variablen ist nur durch die Programmlaufzeit begrenzt.

Speicher-belegung

Anders die Variable i, sie ist eine Variable, deren Lebensdauer auf die der Funktion beschränkt ist, in der sie deklariert wurde. Sie ist daher eine automatische Variable. Die Funktion main() ist ein Spezialfall, da deren Lebensdauer ebenfalls mit der des Programms einhergeht. Trotzdem unterscheidet sich i von a in der Lage im Speicher. Dazu ist ein Verständnis der unterschiedlichen Speicherbereiche in der C-Laufzeitumgebung notwendig.

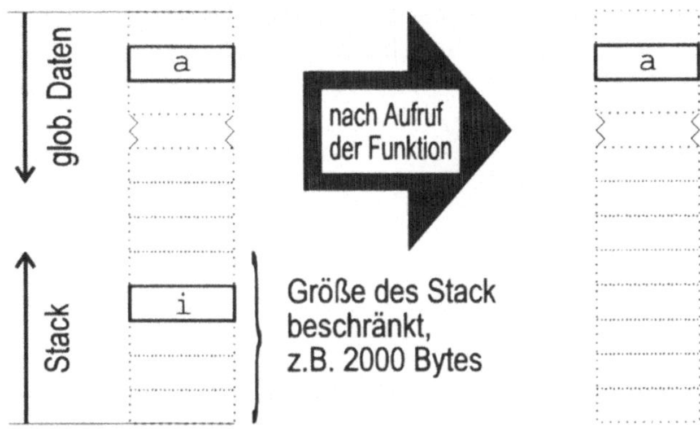

Abb. 1-39: Das Speichermodell

Im globalen Speicher werden die Daten mit fester Lebensdauer abgelegt. Auf dem Stack hingegen sind die Variablen zu finden, die innerhalb einer Funktion oder eines Blocks deklariert wurden. Die Datenbereiche werden beim Aufruf der Funktion, in der sie definiert wurden, reserviert. Eine spezielle Initialisierung findet nicht statt. Nach dem Verlassen der Funktion werden die Daten vom Stack wieder entfernt. Da diese Daten für jeden Aufruf einer Funktion neu generiert werden, sind Programme, die lediglich automatische Variablen benutzen, reentrant.

In einer Multitasking-Umgebung können die Programme oder Funktionen gleichzeitig mehrfach aufgerufen werden. Da bei automatischen Variablen bei jedem Aufruf ein physikalisch neues Datum geschaffen wird, können diese Variablen innerhalb von Multitaskinganwendungen eingesetzt werden, was bei der Verwendung von globalen Daten ohne spezielle Verriegelungsmechanismen nicht möglich ist. Generell ist der dem Stack zur Verfügung stehende Speicherbereich eingeschränkt. Werden umfangreiche automatische Variablen oder Rekursionen benutzt, kann es sein, daß dieser Speicherbereich zu vergrößern ist. Bei einer Rekursion ist zu beachten, daß auch hier jeder erneute Funktionsaufruf neuen Speicherplatz auf dem Stack benötigt.

Multitasking

101

static

Sollen Daten nur einer Funktion bekannt sein, aber trotzdem sich in dem globalen Speicherbereich befinden, so ist ihnen das Schlüsselwort `static` voranzustellen. Für das Programm

```
main()
  { int i;
    static int a;
    ...
  }
```

gilt die Speicherbelegung aus der obigen Abbildung. Die statische Variable `a` ist fest und behält beim mehrfachen Aufruf der Funktion ihren Wert. Vorteilhaft ist zusätzlich bei umfangreicheren Daten, daß kein Speicherplatz auf dem Stack belegt wird. Reentrante oder rekursive Programmteile zu erstellen ist mit dieser Technik nicht möglich.

Mit den automatischen Variablen haben wir eine Form der dynamische Variablen kennengelernt. Sie belegen nur Speicher, wenn sie von der ihr zugehörigen Funktion benutzt werden. Bei umfangreichen Daten ist jedoch der Umfang des Stacks nicht ausreichend. Es ist jedoch wünschenswert, zur Vermeidung von Seiteneffekten und zur Gewährleistung von Reentranz und Rekursionsfähigkeit, möglichst immer automatische Variablen zu verwenden.

Heap

Eine Lösung besteht darin, von einem weiteren Speicherbereich der C-Laufzeitumgebung, dem sogenannten Heap, Speicher zur Laufzeit anzufordern. Die Verwaltung dieses Speichers geschieht über Zeiger, die wiederum automatische Variablen sein können.

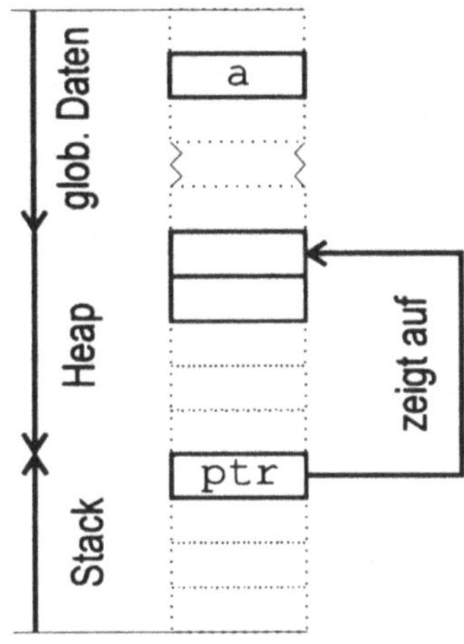

Abb. 1-40: Dynamische Daten auf dem Heap

Die Anforderung des Speicherplatzes kann mittels der Bibliotheksfunktion `malloc()` erreicht werden. Der Funktionsprototyp ist in den Dateien ALLOC.H oder STDLIB.H (ANSI) enthalten. Der Rückgabewert ist ein unbestimmter Zeiger (`void*`) und als Parameter wird die Größe des erforderlichen Speicherbereichs benötigt. Die Größe hat den Typ `size_t`. Ist der Heap bereits erschöpft und kann daher kein Speicher reserviert werden, wird der schon erwähnte NULL-Zeiger als Rückgabewert benutzt. Vor der Verwendung eines Zeigers, der durch `malloc()` ermittelt wurde, ist unbedingt dieser Fall abzufragen.

malloc()

```
#include <stdlib.h>
int a;
void func()
  { int *ptr;
    ptr=(int *)malloc(2*sizeof(int));
    if(ptr)
       ...; /* malloc erfolgreich */
    ...
  }
```

Die Funktion `malloc()` arbeitet, ebenso wie die weiteren Funktionen zur Speicherverwaltung, mit undefinierten Zeigern, die den Typ `void*` besitzen. In den Beispielen wird eine Typkonvertierung (hier: `(int*)`)vorgenommen, die jedoch mit ANSI-konformen Übersetzern nicht notwendig ist, da diese Konvertierung automatisch vom Übersetzer vorgenommen wird.

Reentranz

Obwohl die beiden über `ptr` adressierbaren Integerzahlen nicht auf dem Stack untergebracht sind, sind sie lediglich der Funktion `func` zugänglich und werden bei jedem Aufruf neu reserviert. Die Voraussetzungen für Reentranz und Rekursionsfähigkeit sind damit gegeben. Da die Funktion `malloc()` nicht den für eine Zuweisung an `ptr` benötigten Typ `(int*)` liefert, ist eine Typkonvertierung unerläßlich und die Verantwortung für die korrekte Typisierung liegt wiederum beim Programmierer, der auch die erforderliche Speichergröße zu ermitteln hat. Nach dem Aufruf der Funktion wird der Zeiger, da er eine automatische Variable ist, wieder aus dem Speicher entfernt.

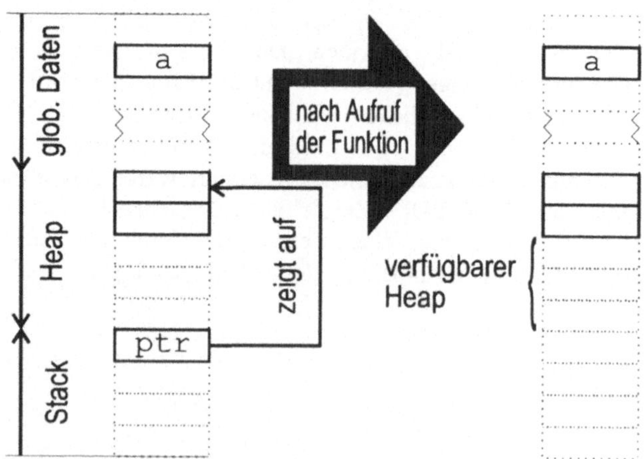

Abb. 1-41: Automatische Variablen

Die zuvor über `ptr` adressierbaren Speicherzellen sind nach dem Verlassen der Funktion nicht mehr zugänglich, da der Zeiger `ptr` aus dem Speicher entfernt wird. Dieser Speicherbereich ist somit nicht mehr verfügbar. Es ist daher notwendig, daß vor dem Verlassen von `func()` das Gegenstück zu `malloc()` aufgerufen wird, nämlich die Funktion `free()`. Als Parameter wird der Zeiger erwartet, den `malloc()` bereitgestellt hat. Daraus folgt, daß Veränderungen des Zeigers `ptr` unbedingt zu vermeiden sind !

Heap freigeben

```
int a;

void func()
   { int *ptr;
     ptr=(int *)malloc(2*sizeof(int));
     if(ptr)
         ...; /* malloc erfolgreich */
     ...
     free((void*)ptr); /* Typkonv. notw. */
   }
```

Nach dem erfolgten `free()` befindet sich kein reservierter Speicher mehr an der von `ptr` referenzierten Adresse.

free()

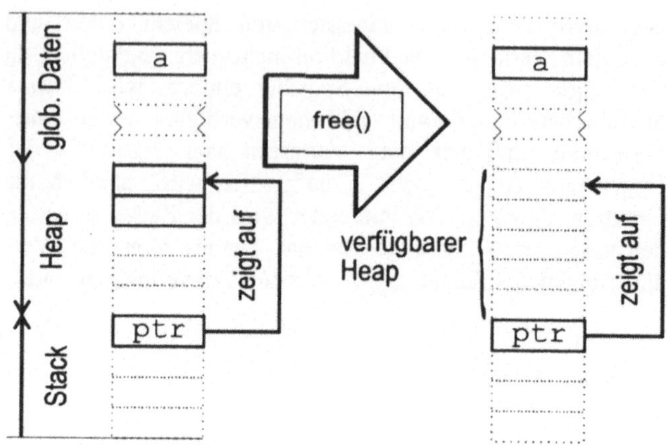

Abb. 1-42: Freigeben von Speicher mittels free()

Der Zeiger `ptr` darf daher nach dem Aufruf von `free()` ohne eine erneute Speicheranforderung nicht mehr für einen Speicherzugriff benutzt werden. Der Programmierer ist auch hier für die Einhaltung dieser Forderung verantwortlich. Wird vor jedem Zugriff der Inhalt von `ptr` überprüft, ist es sinnvoll, nach dem Aufruf von `free()`, dem Zeiger `ptr` den Wert Null zuzuweisen.

```
...
free((void*)ptr);
ptr=(int*)0; /* als ungültig erklären */
...
if(ptr)        /* Zeiger gültig ?        */
   ...;
```

calloc()

Um mehrere Elemente gleichen Datentyps zu reservieren, ist die Funktion `calloc()` vorgesehen. Die Speicheranforderung aus dem obigen Beispiel

```
ptr=(int *)malloc(2*sizeof(int));
```

läßt sich damit einfacher als

```
ptr=(int *)calloc(sizeof(int),2);
```

schreiben. Wird zur Laufzeit mehr Speicher für den über `ptr` angesprochenen Speicher benötigt, kann eine Änderung der Speichergröße über `realloc()` erreicht werden.

realloc()

```
ptr=(int *)realloc(ptr,5*sizeof(int));
```

Dabei wird entweder Speicher im Anschluß an den bereits reservierten Bereich angefügt oder aber es werden die bereits vorhandenen Daten umkopiert.

Werden mehrfach Speicherbereiche reserviert und wieder freigegeben, kann es zu einer Verteilung der Daten kommen, wie sie in der nächsten Abbildung festgehalten wird.

Fragmentierung des Heaps

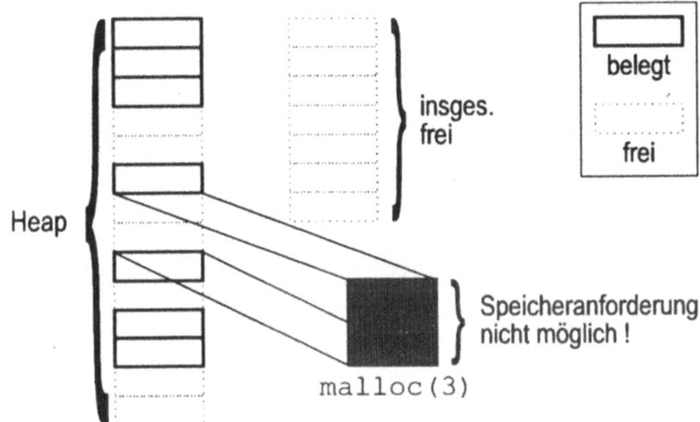

Abb. 1-43: Fragmentierung des Heaps

Obwohl noch eine Reihe von Speicherplätzen frei sind, kann die Anforderung `malloc(3)` nicht mehr befriedigt werden. Bei Gebrauch der dynamischen Speicherverwaltung ist dieses Verhalten unvermeidbar. Strategien zur Vermeidung des Problems sind u.a.:

• Anforderung möglichst gleicher Speichergrößen,

• umfangreicher Heap und eine

- eigene Verwaltung reservierter (möglichst gleich großer) Bereiche.

Leider kann keines der Konzepte die Fragmentierung gänzlich vermeiden. Soll eine Anlage ohne Störung über eine extrem lange Zeit funktionieren, wie es insbesondere in der Automatisierungstechnik erforderlich ist, muß jede dynamische Speicheranforderung mit Vorsicht behandelt werden. Im Extremfall ist gänzlich auf sie zu verzichten.

Dynamische Speicherverwalt.

Die dynamische Speicheranforderung hat die Aufgabe, dynamisch den Speicherbedarf den Prozeßanforderungen oder den Benutzereingaben anzupassen. Werden Meßreihen abgelegt, so kann für jede aufgenommene Meßreihe der benötigte Speicherplatz angefordert werden. Nicht mehr benötigte Werte, z.B. nach einer statistischen Auswertung, können dem Heap mittels der Funktion `free()` wieder zur Verfügung gestellt werden. Es ist nicht notwendig, schon zum Zeitpunkt der Übersetzung die maximale Größe aller zu speichernden Meßwerte zu kennen. Diese kann entweder vom Prozeßverlauf abhängen und/oder vom Benutzer zur Laufzeit konfiguriert werden. Damit bietet C eine ideale Einrichtung zur effizienten Speichernutzung. Zur sicheren Nutzung ist es unvermeidbar, die in diesem Kapitel enthaltenen Sicherheitsregeln und Zusammenhänge zu beachten !

Standardbibliothek

Die Standardbibliothek beinhaltet einen Satz nützlicher Funktionen. Der äußerst kompakte Sprachumfang bietet keinerlei Unterstützung z.B. für die Zeichenkettenverarbeitung oder der Ein-/Ausgabe. So ist die Standardbibliothek ein äußerst wichtiges Hilfsmittel, um C zu der Funktionalität einer komfortablen Hochsprache zu verhelfen. Die Namen der in der Standardbibliothek enthaltenen Funktionen können nicht für eigene Funktionen verwendet werden. Dieses gilt auch dann, wenn sie die gleiche Funktion erfüllen. Alle Funktionsnamen die mit einem Unterstrich '_' beginnen, sollten für interne Funktionen der Bibliothek vorbehalten bleiben. Die Standardbibliothek muß nicht unbedingt in einem C Programm benutzt werden.

Für Mikrokontrolleranwendungen mit knappem Systemspeicher kann es sinnvoll sein, ohne die Standardbibliothek auszukommen. Beim Vorgang des Bindens der übersetzten Programmteile ist dann die Standardbibliothek nicht hinzuzufügen. Generell ist jedoch davon auszugehen, daß lediglich die verwendeten Bibliotheksfunktionen zu dem entgültigen Programm gebunden werden und damit Speicherplatz belegen. Allerdings benötigt z.B. die Funktion `printf()` eine Reihe von weiteren Funktionen, die erheblich zum Anwachsen der Programmdatei beitragen. Eine interessante Möglichkeit sind die sogenannten dynamischen Bibliotheken, die von mehreren Programmen gleichzeitig benutzt werden und damit zur Einsparung von Speicher beitragen können.

Mikrokontroller

Eng gekoppelt mit der Standardbibliothek sind die sogenannten Headerdateien. Die Namenserweiterung des Dateinamens ist immer '.h'. Die Headerdateien enthalten z.B. die Funktionsprototypen der Bibliotheksfunktionen. Generell sind die Headerdateien so ausgelegt, daß ein mehrfaches Einbinden unkritisch und die Reihenfolge der Einbindung unerheblich ist. Um eine Bibliotheksfunktion zu benutzen sind zum einen die Typisierung der Parameter, die Bedeutung der Funktion und die dazugehörige Headerdatei

Headerdateien

zu ermitteln. Soll z.B. die Funktion `printf()` benutzt werden, ist die relevante Datei `stdio.h`.

Über die Präprozessor Anweisung

```
#include <stdio.h>
```

wird das Einbinden der entsprechenden Headerdatei veranlaßt. Die Verwendung der Kleiner-/Größerzeichen deutet an, daß die einzubindende Datei in dem Standard Include-Verzeichnis zu finden ist. Die Inhalte der einzelnen Headerdateien ist nach Funktionsgruppen geordnet. Die folgende Übersicht zeigt, alphabetisch geordnet, welche Dateien zu einem ANSI-konformen Übersetzer gehören.

Tabelle: Übersicht der Headerdateien der Standardbibliothek (ANSI)

Datei	Funktion
<assert.h>	Diagnosefunktion assert()
<ctype.h>	Test von Buchstaben
<errno.h>	Makros für Fehlermeld., z.B. errno,...
<float.h>	Makros zur Charakterisierung von floats
<limits.h>	Beschreibung der Laufzeitumgebung
<locale.h>	Länderspezifische Umgebung
<math.h>	Mathematische Fließkommafunktionen
<setjmp.h>	verändert Funktionsaufrufmechanismus
<signal.h>	Behandlung von Signalen
<stdarg.h>	Variable Anzahl von Argumenten
<stddef.h>	Standardmakros, wie NULL,size_t, ...
<stdio.h>	Ein-/Ausgabe
<stdlib.h>	Allgemeine Hilfsfunktionen
<string.h>	Zeichenkettenbehandlung
<time.h>	Datum- / Uhrzeitmanipulation

Die in `stddef.h` enthaltenen Makros sollten immer an den vorgesehenen Stellen verwendet werden. Nützlich sind vor allem:

Tabelle: Auszug stddef.h

NULL	Nullzeiger
size_t	Typ: Größe eines Speicherobjektes
ptrdiff_t	Typ: Differenz zwischen Zeigern

Die Dateien `float.h` und `limits.h` enthalten die Begrenzungen und Wertebereiche der Basistypen, die abhängig von der Implementation sind. Die maximale Größe eines `int` ist damit über das Makro `INT_MAX` abzufragen. Soll der Wertebereich eines Datums der Basistypen überprüft werden, sind generell diese Makros zu verwenden. So wird eine maximale Portabilität der erstellten Programme gewährleistet.

Wertebereich

Da sämtliche Headerdateien normale Textdateien sind, können diese mit jedem Editor geöffnet werden. Zum Auffinden der Dateien ist die Kenntnis des Include-Verzeichnises des Übersetzers notwendig. Änderungen der Dateien sollten jedoch unbedingt unterbleiben.

Zugriff auf eine Headerdatei

Im den nun folgenden Kapiteln werden einzelne Bibliotheksfunktionen aus den verschiedenen Kategorien vorgestellt. Eine komplette und detaillierte Übersicht ist den jeweiligen Übersetzerhandbüchern oder aber, falls vorhanden, der Online-Hilfe der Entwicklungsumgebung zu entnehmen. Gerade die Online-Hilfen der modernen Entwicklungsumgebungen machen referenzartige Auflistungen von Funktionen obsolet, da die Verknüpfungen innerhalb solcher Systeme einen komfortablen Weg der Wissensaquisation ermöglichen. Dennoch ist es sinnvoll, als Ergänzung einen Überblick über die vorhandenen Funktionen und ihre Einsatzmöglichkeiten zu gewinnen.

Obwohl der ANSI-Standard einen Minimalumfang vorgibt, unterscheiden sich die einzelnen Übersetzer. Insbesondere sind im Lieferumfang der verschiedenen Übersetzer Erweiterungen vorhanden, um der Laufzeitumgebung gerecht zu werden. Darunter sind unter anderem Betriebssystemsfunktionen (UNIX, DOS, div. Echtzeitsysteme, ...)

und Funktionen zur grafischen Ein-/Ausgabe (WINDOWS, X-WINDOWS, ...) zu verstehen.

Für einen Übersetzer kann daher durchaus die Qualität und der Umfang der mitgelieferten Bibliothek sprechen, die meistens über die hier behandelte Standardbibliothek hinausgeht. Wie jedoch generell Bibliotheksfunktionen anzuwenden sind, dazu sollen dieser und die folgenden Abschnitte exemplarisch unter Anwendungsgesichtspunkten eine Anleitung geben.

Damit sollte es kein Problem sein, mit Hilfe des Übersetzerhandbuchs oder Online-Hilfe die weiteren verfügbaren Funktionen der Standardbibliothek und der erweiterten Bibliothek zu ermitteln und zu nutzen. Generell gilt, daß C ohne eine leistungsfähige Bibliothek kein komfortables und effizientes Arbeiten ermöglicht.

Buchstaben

Liegt ein Buchstabe (Typ `char`) vor, ist es interessant, eine Einordnung nach Gruppen vorzunehmen. Ein Buchstabe kann z.B. eine Zahl, ein Großbuchstabe, ein Kleinbuchstabe, eine Hexziffer, usw. sein. Um diese Zugehörigkeit zu erfragen existiert ein Satz von Funktionen, die nach dem folgenden Schema anzuwenden sind:

```
#include <ctype.h> /* Headerdatei      */
int isxxx(int c);   /* allgem. Prototyp */
```

Falls der Parameter der Gruppe angehört, wird ein von Null verschiedener Wert, also wahr, zurückgegeben. Ein Buchstabe vom Typ `unsigned char` wird vom Übersetzer automatisch in den Typ `int` umgewandelt. Das Verhalten der Funktionen für Parameter außerhalb des Wertebereichs eines `unsigned char` ist unbestimmt.

```
unsigned char c;
...
c=leseZeichenVonTastatur();
if(isalnum(c))
    ...;   /* falls alph. Buchst. o. Ziffer */
else if(isalpha(c))
```

```
    ...;   /* falls Buchst. aus Alphabet    */
else if(isdigit(c))
    ...;   /* falls dezimale Ziffer         */
else if(islower(c))
    ...;   /* falls Kleinbuchstabe          */
else if(isspace(c))
    ...;   /* ' ','\r','\n','\t','\f','\v'  */
else if(isupper(c))
    ...;  /* falls Großbuchstabe            */
else if(isxdigit(c))
    ...;  /* falls hexadezimale Ziffer      */

...
```

Soll ein Buchstabe nicht nur auf seine Gruppenzugehörigkeit hin getestet werden, sondern z.B. in einen Groß- oder Kleinbuchstaben konvertiert werden, existieren die beiden Funktionen `tolower()` und `toupper()`. Der Rückgabewert von `tolower()` ist in jedem Fall ein Kleinbuchstabe, wenn als Argument ein gültiger Klein- oder Großbuchstabe übergeben wurde. Die Funktion `toupper()` konvertiert analog in einen Großbuchstaben.

Die Funktionen der Standardbibliothek, die der Headerdatei `<string.h>` zugeordnet sind, arbeiten auf Speicherobjekte des Typs `char` (`signed` und `unsigned`). Zeichenketten, bestehend aus einem Feld des Typs `char`, werden auch als Strings bezeichnet, sofern sie Null-terminiert sind. Die Speicherobjekte, die so Byte-weise bearbeitet werden, fallen in die folgenden drei Kategorien:

- Null-terminierte Zeichenketten (**str**xxx()),

- Null-terminierte Zeichenkette, jedoch wird eine maximale Länge angegeben (**strn**xxx()) und

- Feld mit angebener Länge (**mem**xxx()).

Die Namen der Funktionen verraten durch die ersten Buchstaben, auf welche Speicherobjekte sie anzuwenden sind. Als grundlegende Operationen fallen für alle Objekte

- das Suchen eines Zeichens (xxx**chr** ()) in einem Objekt,

- der Vergleich zweier Objekte (xxx**cmp** ()) und

- das Kopieren von Objekten (xxx**cpy** ()) an.

Ziel, Quelle

Daneben sind eine Reihe von speziellen Funktionen verfügbar. Generell gilt, daß das Zielobjekt als erster Parameter zu nennen ist. Sämtliche Funktionen erwarten zur Beschreibung eines Speicherobjektes einen void-Zeiger (void*). Der Übersetzer nimmt automatisch eine Typkonvertierung z.B. von einem char-Zeiger vor. Die Längenangaben haben den Typ size_t.

```
char txt1[15]="Werkzeug:X101";
char txt2[10];
char *ptr;
...
ptr=txt1;
strncpy(txt2,txt1,10);
txt2[9]='\0'; /* terminieren ! */
...
if(!strcmp(txt1,ptr)
   ...; /* ist gleich !!! */
ptr=(txt1,':');
if(ptr)
  { ptr++; /*ptr zeigt jetzt auf den
          Buchstaben nach dem : in txt1*/
    if(!strcmp(ptr,"X101"))
      ...; /* Werkz.name X101 */
    else if(!strcmp(ptr,"X102")
      ...;
  }
else
  ...; /* kein ':' in txt1 enthalten    */
...
```

Die Funktion `strncpy()` wurde im ersten Beispiel verwendet, da der Zielstring `txt2` nicht die notwendige Länge hat und daher maximal die verfügbare Länge angenommen werden soll. Die Funktion `strncpy()` stellt keine Terminierung der Zielzeichenkette durch eine Null sicher. Diese ist daher in jedem Fall zu garantieren. Dazu kann, wie in dem obigen Beispiel, eine Null einfach in das letzte Feld geschrieben werden, da unter keinen Umständen negative Auswirkungen oder Seiteneffekte möglich sind. Eine vorangestellte Ermittlung der Zeichenkettenlänge und nachfolgende bedingte Zuweisung des terminierenden Buchstabens ist auch möglich, führt jedoch zu einem erhöhten Rechenaufwand.

strncpy()

Bei den Funktionen der Gruppe `xxxcmp()` ist zu beachten, daß ein Rückgabewert von Null (FALSE) bedeutet, daß die beiden Objekte identisch sind. Werte größer bzw. kleiner Null werden verwendet, um anzuzeigen, daß ein Objekt größer bzw. kleiner ist.

Die Familie der memxxx()-Funktionen findet eine Ergänzung durch die Funktionen `memmove()` und `memset()`. Die Funktion `memmove()` hat die Aufgabe, `memcpy()` in den Fällen zu ersetzen, in denen die Speicherbereiche der beiden Objekte sich überlappen. Soll ein Feld mit einem bestimmten Wert vorbesetzt werden, ist der Weg über eine `for()`-Schleife sehr aufwendig. Schneller und komfortabler ist die Verwendung der Funktion `memset()`.

memmove(), memset()

```
#define GROESSE 100
char a[GROESSE];
memset(a,'A',GROESSE/2);
memset(a+GROESSE/2,'B',GROESSE/2);
```

Das Feld `a` enthält nun in der ersten Hälfte seines Speichers den Buchstaben 'A' und in der zweiten Hälfte den Buchstaben 'B'.

Die Länge einer Null-terminierten Zeichenkette ermittelt die Funktion `strlen()`. Als Argument wird ein Zeiger auf die Zeichenkette erwartet. Der Rückgabewert repräsentiert die

strcat()

Anzahl der Buchstaben und ist vom Typ `size_t`. Zur Verkettung zweier Zeichenketten dienen die Funktionen `strcat()` und `strncat()`. Bei der letzteren Funktion kann zusätzlich die maximale Länge der anzuhängenden Zeichenkette festgelegt werden.

```
char txt1[6];
int i;
char txt2[4];
...
strcpy(txt1,"TEST");
strcpy(txt2," OK");
...
strcat(txt1,txt2);
```

Die Ausführung der Funktion `strcat()` im Beispiel führt zu folgender Speicherbelegung:

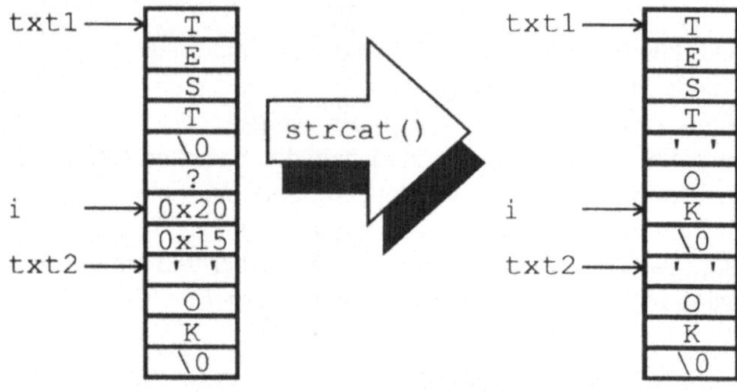

Abb. 1-44: Die Funktion strcat()

Da die Zielzeichenkette nicht die notwendige Länge zur Aufnahme der verketteten Zeichenkette hat, werden unerlaubte Speicherbereiche, hier die Variable `i` , überschrieben. Das Fehlverhalten ist nicht immer einfach festzustellen, da erst bei der erneuten Auswertung der Variable `i` der Fehler auftritt und die Ergebniszeichenkette `txt1` vollkommen korrekt ist. Generell ist bei den Funktionen

116

xxxcpy() und xxxcat(), die Belegung des Speichers zu kontrollieren. Für das obige Beispiel hätte txt1 die folgende Länge haben müssen:

```
char txt1[8];
```

Ist die Länge einer zu kopierenden Zeichenkette unbekannt, muß diese über strlen() abgefragt werden. Es sollten zur Sicherheit die Funktionen der längenbegrenzten Quellzeichenketten strnxxx() benutzt werden.


```
#define LEN 6
char txt1[LEN];
int i;
char txt2[4];
...
strcpy(txt1,"TEST");
strcpy(txt2," OK");
...
strncat(txt1,txt2,LEN-1-strlen(txt1));
/* -1 wegen der \0 zur Terminierung */
```

Damit ist, im Gegensatz zum ersten Beispiel, die entstandene Zeichenkette nicht korrekt, aber es werden keine fremden Speicherbereiche überschrieben.

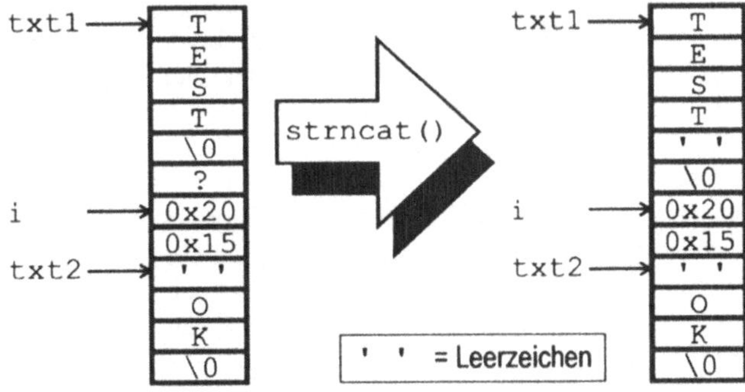

Abb. 1-45: Die Funktion strncat()

Die jetzt entstandene Zeichenkette "TEST " ist nicht vollständig, aber die Variable i ist erhalten geblieben. Dieses Fehlverhalten läßt sich leicht feststellen und die Ursachenermittlung ist relativ trivial. Das Beispiel zeigt, daß strncat() dafür sorgt, daß bei Längenüberschreitung eine terminierende Null berücksichtigt wird.

**Zeichenkette
<=>
Feld aus char**

Die flexible Art der Zeichenkettendarstellung als ein Feld aus Buchstaben, bietet, zusammen mit den Funktionen der Standardbibliothek, eine komfortable Möglichkeit der Manipulation von Zeichenketten. Dazu sind jedoch

- der korrekte Umgang mit Zeigern,

- die Kontrolle der verwendeten Speicherbereiche und

- die Berücksichtigung des terminierenden Buchstabens '\0'

absolut notwendig. Werden diese Zusammenhänge nicht berücksichtigt, sind instabile Programme und eine langwierige Fehlersuche die Folge.

Ein-/Ausgabe

Funktionen der Standardbibliothek behandeln das extrem umfangreiche Feld der gesamten Datenstrom- bzw. Dateiverwaltung. Ein Spezialfall ist dabei die Ein-bzw. Ausgabe über die Geräte stdin bzw. stdout, welche eine Datenstrom-orientierte Kommunikation mit dem Benutzer ermöglichen. In diesem Abschnitt kann nicht annähernd der komplette Umfang behandelt werden. Die Berücksichtigung aller Funktionen würde lediglich zu einer ermüdenden Auflistung führen und dem Ziel der Problem-orientierten Arbeitsweise nicht näher kommen. Daher findet eine Beschränkung auf die wichtigsten Funktionen statt, die es ermöglichen, die üblichen Aufgabenstellungen in der Automatisierungstechnik zu lösen. Für alle Funktionen dieses Abschnittes ist die Headerdatei <stdio.h> einzubinden.

**Formatierte
Ausgabe**

Die Funktion printf() nimmt die formatierte Ausgabe über das Standardgerät stdout vor. Dieses Gerät kann direkt, ohne es vorher öffnen zu müssen, benutzt werden und gibt im Regelfall Zeichen an den Benutzer aus. Der Funktionsprototyp hat die Form

```
int printf(char *format, ...);
```

Der Rückgabewert gibt die Anzahl der geschriebenen Zeichen wieder und ist negativ, falls ein Fehler aufgetreten ist. Die Formatzeichenkette `format` hat die Aufgabe, den auszugebenden Text und die in ihm enthaltenen Daten bzw. Variablen in Typ und Formatierung zu beschreiben. Die Funktion `printf()` hat eine variable Menge von Argumenten (... im Prototyp). Die weiteren Argumente müssen zu der Beschreibung der auszugebenden Daten passen. Werden überzählige Daten angegeben, werden diese ignoriert. Kritisch ist die Verwendung der Möglichkeit der variablen Argumente der Sprache C deshalb, da eine Überprüfung der Kongruenz zwischen Formatzeichenkette und Argumentenliste durch den Übersetzer **nicht** möglich ist. An dieser Stelle ist der Programmierer gefordert dafür zu sorgen, daß die Argumente mit den Angaben in der Formatzeichenkette zumindest in Anzahl und Datentyp übereinstimmen.

Soll der Inhalt einer Variable ausgegeben werden, ist in die Formatzeichenkette ein Formatbezeichner für den entsprechenden Datentyp einzubauen. Ein Formatbezeichner beginnt immer mit dem Prozentzeichen '%'. Dem Prozentzeichen folgt ein Typzeichen zur Spezifikation des Datentyps des Argumentes. Für eine dezimal zu interpretierende Zahl vom Typ `int` lautet das Zeichen d.

```
int i,j;
i=10; j=25;
printf("Wert i=%d, Wert j=%3d",i,j);
```

Das Beispiel führt zu der Ausgabe:

```
Wert i=10, Wert j= 25
```

Die Zahl vor dem Typzeichen im Falle der Ausgabe von j gibt die Anzahl der auszugebenden Stellen an. Daher ist hinter **j=** ein Leerzeichen zu finden, um die Gesamt-stellenzahl von 3 zu garantieren.

**Format-
bezeichner**

Die für `printf()` gültigen Formatbezeichner besitzen die folgende Form:

```
% [flaggen] [breite] [.präz] [F|N|h|l|L]
Typzeichen
```

Die Angaben in `[]` sind optional. Nach dem %-Zeichen folgen in dieser Reihenfolge:

- [flaggen] Zeichen zur Ausrichtung der Ausgabe, Zahlen, Dezimalpunkt, nachgestellte Nullen, Präfix für oktal und hex

- [breite] Längenbezeichner, Mindestanzahl von auszugebenden Zeichen, einschließlich Leerzeichen und Nullen

- [.präz] Genauigkeitsangabe bzw. Anzahl der maximal auszugebenden Zeichen für Integer-Werte. Mindestanzahl der auszugebenden Ziffern

- [F|N|h|l|L] Überschreibt die Größe des nächsten eingegebenen Arguments:
      N = near pointer
      h = short int
      F = far pointer
      l = long int
      L= long double

Die Modifikation der Größe des nächsten Argumentes ist z.B. immer dann notwendig, wenn ein `long int` Datum ausgegeben werden soll, für dieses existiert kein eigenes Typzeichen, so daß das Zeichen für `int` verwendet wird, allerdings mit vorgestelltem l.

Typzeichen

Das Typzeichen für den entsprechenden Datentyp ist der nachfolgenden Übersicht zu entnehmen:

Tabelle: Typzeichen

Daten-typ	Typ-zeichen	Wirkung
int	d,i,u	Ausgabe in dezimaler Form, u interpretiert das Datum als vorzeichenlos
int	o,x,X	Ausgabe in oktaler (o) oder hexadezimaler Schreibweise (x,X)
float, double	f, e,E, g,G	Ausgabe in dezimaler (f) oder wissenschaftlicher Darstellung (e,E). Bei g,G wird automatisch zwischen beiden Typen umgeschaltet.
char	c	Ausgabe als Zeichen
char*	s	Ausgabe einer Null-terminierten Zeichenkette.
void*	p	Ausgabe eines beliebigen Zeigers
	%	Ausgabe des Prozentzeichens %

Eine Anzahl von Meßwerten sollen eine Meßreihe bilden. Zu einer Meßreihe gehört, neben den eigentlichen Meßwerten, ein identifizierender Name und eine eindeutige Kennung. Eine Liste von Meßreihen wird vom folgenden Programm in übersichtlicher Form ausgegeben.

Beispiel: Form. Ausgabe einer Meßreihe

```c
#include <stdio.h>
typedef struct {
  char name[20];
  unsigned long kennung;
  float werte[4];
} MESSREIHE;

#define MAXANZ 10
MESSREIHE w[MAXANZ]= {
  { "Messung1",0x0101,{1.0,1.1,1.2,1.3} },
  { "Messung2",0x0102,{1.0,1.2,1.2,1.3} },
  { "Messung3",0x0103,{1.0,1.1,1.3,1.3} },
  { "Messung4",0x0104,{1.0,1.1,1.2,1.3} },
```

```
  { "Messung5",0x0105,{1.8,1.9,1.2,1.3} },
  { "Messung6",0x0106,{1.0,1.7,1.2,1.3} },
  { "Messung7",0x0107,{1.0,1.1,1.5,1.3} },
  { "Messung8",0x0108,{1.0,1.5,1.2,1.8} }
  };
...
while(w[i].name && i<MAXANZ)
  { printf("Meßreihe: %s Kennung: 0X%081X \
        Werte: %6.2f %6.2f %6.2f %6.2f\n"
     ,w[i].name,w[i].kennung,w[i].werte[0]
     ,w[i].werte[1],w[i].werte[2]
     ,w[i].werte[3]);
    i++;

  }
...
```

Die Ausgabe dieses Programms ist in der nächsten Abbildung wiedergegeben:

```
Meßreihe: Messung1 Kennung: 0X00000101 Werte:    1.00    1.10    1.20    1.30
Meßreihe: Messung2 Kennung: 0X00000102 Werte:    1.00    1.20    1.20    1.30
Meßreihe: Messung3 Kennung: 0X00000103 Werte:    1.00    1.10    1.30    1.30
Meßreihe: Messung4 Kennung: 0X00000104 Werte:    1.00    1.10    1.20    1.30
Meßreihe: Messung5 Kennung: 0X00000105 Werte:    1.80    1.90    1.20    1.30
Meßreihe: Messung6 Kennung: 0X00000106 Werte:    1.00    1.70    1.20    1.30
Meßreihe: Messung7 Kennung: 0X00000107 Werte:    1.00    1.10    1.50    1.30
Meßreihe: Messung8 Kennung: 0X00000108 Werte:    1.00    1.50    1.20    1.80
```

Abb. 1-46: Ausgabe der Meßreihen

Die gesamte Breite der Meßwertausgabe beträgt sechs Zeichen, wovon zwei Zeichen für die Nachkommastellen verwendet werden.

Formatierte Eingabe

Das Gegenstück zu der Funktion printf() zur Ausgabe ist scanf() zur Eingabe. Die Funktion scanf() hat einen zu printf() fast identischen Aufbau. Der

wichtigste Unterschied liegt in der Struktur der Argumente.
Es sollen Werte eingelesen werden.

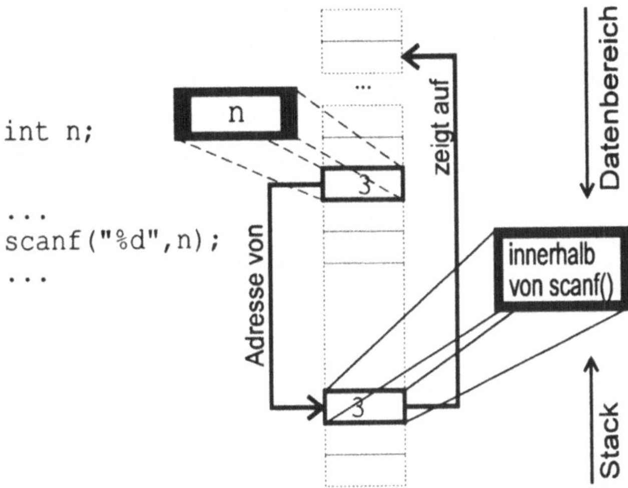

Abb. 1-47: Einlesen von Daten über Referenzen

Dazu reicht es nicht, den momentanen Wert eines Datums an
die Funktion zu übergeben. Von dem Parameter n wird, zur
Verwendung innerhalb der Funktion scanf(), lediglich
eine Kopie angelegt. Nur diese Kopie kann von der Funktion
scanf() modifiziert werden. Die aufrufende Funktion von
scanf() kann somit das eingegeben Datum nicht
verarbeiten. Daher ist nicht das Datum, sondern eine
Referenz auf das Datum als Parameter der Funktion
scanf() zu verwenden.

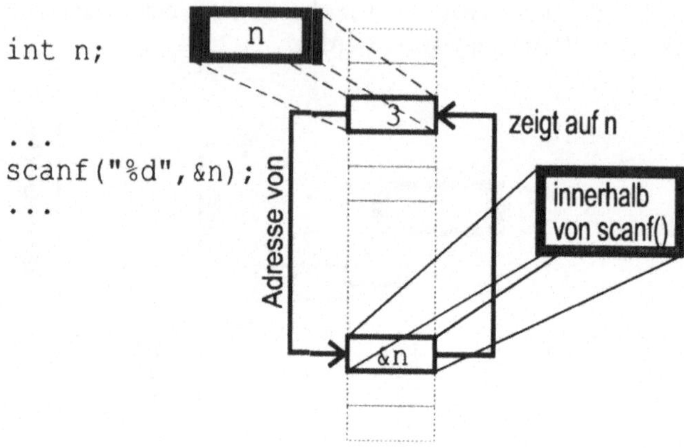

Abb. 1-48: Parameter als Referenz

Da der Funktion `scanf()` die Adresse des Datums bekannt ist, kann sie an die referenzierte Speicherstelle den von `stdin` eingelesenen Wert ablegen. An dieser Stelle wird deutlich, wie gefährlich das Beispiel der ersten Abbildung ist. Es wird das eingelesene Datum an die Speicherstelle mit der Adresse n geschrieben. Damit werden unerlaubte Speicherbereiche beschrieben!

Unpassender Typbezeichner

Der gleiche Tatbestand gilt für einen unpassenden Typbezeichner, der nicht zu den Argumenten paßt. Da der Mechanismus der variablen Parameter keine Typprüfung zuläßt, kann an dieser Stelle keine Unterstützung durch den Übersetzer stattfinden. Der Programmierer ist gehalten, an dieser Stelle mit besonderer Sorgfalt die Formatzeichenkette und die Argumente von `scanf()` zu kontrollieren. Geschieht dieses nicht, kann eine langwierige Fehlersuche die Folge sein.

```
char txt[10];
int i,z;
int* ptr;
float a;
...
```

```
ptr=&i;
z=scanf("Name: %s %d %f",txt,ptr,&a);
if(z==3)
    ...; /* Eingabe vollständig ? */

...
```

Der Rückgabewert von `scanf()` beschreibt die Anzahl der tatsächlich gelesenen Werte. Der Benutzer muß nacheinander die Zeichen "Name:", eine Zeichenkette, eine ganze Zahl und eine Fließkommazahl eingeben. Die Zeichenkette ist durch ein Leerzeichen, ein '\n' (Eingabetaste) oder ein Tabulatorzeichen zu beenden. Dabei ist zu berücksichtigen, daß die maximale Gesamtlänge von 9 Buchstaben nicht überschritten wird. Der Bediener ist für das Einhalten der Formate verantwortlich. Dieser Umstand schränkt die Verwendbarkeit von `scanf()` zum Einlesen von Benutzereingaben stark ein. Hier ist es besser die komplette Eingabe entgegenzunehmen und dann diese vom Programm in seine Bestandteile zu zerlegen. Es ist z.B. möglich, über die Funktion `getchar()` einzelne Zeichen in ein Eingabefeld einzulesen. So ist vor allem eine Kontrolle über die Benutzereingabe realisierbar.

Rückgabewert scanf()

Das Anwendungsgebiet der Befehle zur formatierten Ein-/Ausgabe werden durch die Variation der zu bearbeiteten Daten erweitert. Dem Funktionsnamen wird ein Kennbuchstabe vorangestellt, der den geänderten Ausgangsdatentyp beschreibt. Soll die Ein- bzw. Ausgabe von bzw. in eine Zeichenkette vorgenommen werden, existieren die Funktionen `sscanf()` und `sprintf()`. Die Regeln für `scanf()` und `printf()` gelten analog, mit dem Unterschied, daß als erster Parameter zusätzlich ein Zeiger auf die jeweilige Zeichenkette erwartet wird.

Formatierte Ein-/Ausgabe aus/in Zeichenketten

```
#include <stdio.h>
int a,b;
char str[40];
...;
a=20;
sprintf(str,"Wert1: %d\n",a);
```

```
...
sscanf(str,"Wert1: %d\n",&b);   /* b=20 */
...
```

Auch hier ist besonders wichtig, die Übereinstimmung zwischen Formatbezeichnern und Argumenten zu kontrollieren. Bei Verwendung von `sscanf()` ist die Verwendung einer gültigen Referenz als Parameter und die Kontrolle der Datentypen absolut wichtig für ein zuverlässiges Programm. Hier kann es zu Fehlern kommen, die zunächst nicht entdeckt werden, da das Programm anscheinend fehlerlos funktioniert !

Für die sichere Verwendung von `sprintf()` ist unbedingt auf eine ausreichende Dimensionierung der Zeichenketten zu achten. Dabei ist zu beachten, daß auch den Extremas der Wertebereiche der Argumente Rechnung getragen wird. Generell sollte die Zeichenkette, in die die Ausgabe vorgenommen wird, großzügig dimensioniert werden.

Datei Ein- bzw. Ausgabe

Vor der Benutzung einer Datei ist diese zu öffnen. Damit unterscheiden sich diese von den Datenströmen `stdin` und `stdout`, die immer geöffnet sind. Um eine geöffnete Datei ansprechen zu können, wird dieser ein Dateizeiger zugeordnet. Dieser Dateizeiger hat den Datentyp `FILE*`. Zum Öffnen einer Datei dient die Funktion `fopen()`. Alle Funktionen zur Dateibearbeitung tragen ein `f` als ersten Buchstaben und erwarten zumeist als erstes Argument einen gültigen Dateizeiger, welcher zuvor mit der Funktion `fopen()` einzurichten ist. Die Funktionen `printf()` und `scanf()` existieren ebenfalls als Variante zur Dateiein- und Ausgabe und tragen den Namen `fprintf()` und `fscanf()`.

```
int i;
FILE *handle; /* Dateizeiger */
...
handle = fopen("TEST.DAT","w");
if(handle)
  fprintf("Der Wert von i ist %d\n",i);
```

```
else
    printf("Die Datei existiert nicht !\n");
...
```

Die Funktion `fopen()` ermittelt den Dateizeiger, welcher als Rückgabewert an die aufrufende Funktion übermittelt wird. Ist die Datei nicht zu öffnen, wird ein Nullzeiger zurückgegeben. Daher muß der Dateizeiger (`handle`) auf seine Gültigkeit überprüft werden. Unterbleibt diese Überprüfung kann es zu katastrophalen Auswirkungen kommen. Der erste Parameter von `fopen()` ist ein Zeiger auf eine Zeichenkette, welche den Namen der zu öffnenden Datei spezifiziert. Der zweite Zeiger, der wiederum auf eine Zeichenkette zeigt, gibt an, in welchem Modus die Datei zu öffnen ist. Die nachfolgende Tabelle gibt eine Übersicht über die Bedeutung der gültigen Zeichen für die Moduszeichenkette.

fopen()

Tabelle: Moduszeichen

Moduszeichen

Gruppe	Zeichen	Bedeutung
Zugriff	r	lesen
	w	schreiben, ggf. vorh. Daten löschen
	a	schreiben, anhängen der Daten
	r+	lesen u. schreiben
	w+	wie r+, jedoch vorh. Daten löschen
	a+	lesen u. schreiben ans Ende der Datei
Datei-art	b,t	Binär- (b) oder Textdatei(t)

Die Moduszeichen können aus den verschiedenen Gruppen kombiniert werden. Der Modus "rt" öffnet eine Textdatei zum Lesen. Wird eine Datei zum Schreiben geöffnet und die betreffende Datei mit dem gewünschten Namen ist nicht vorhanden, wird diese eingerichtet. Wird auf eine Datei nicht mehr zugegriffen, ist sie mit `fclose()` zu schließen.

```
...
fclose(handle);
...
```

fclose()

Auf eine geschlossene Datei kann nicht mehr zugegriffen werden. Alle noch nicht geschlossenen Dateien werden beim Verlassen eines Programms automatisch geschlossen. Die Anzahl der maximal zu öffnenden Datei ist beschränkt und kann über das Makro `FOPEN_MAX` bestimmt werden. Daher können nicht beliebig viele Dateien geöffnet werden und nicht mehr benutzte Dateien sollten daher generell geschlossen werden. Die Anzahl ist von der System-konfiguration abhängig.

Ein möglichst rasches Schließen einer Datei nach Gebrauch ist aus einem weiteren Grund sinnvoll. Da Dateien erst nach dem erfolgreichen Schließen für das Betriebssystem wieder verfügbar sind, ist das Schließen einer Datei immer dann wichtig, wenn die Daten einen, in sich abgeschlossenen, Zustand erreicht haben. Ansonsten ist die Datei, mitsamt den in ihr enthaltenen Daten, im Falle eines Systemabsturzes vor dem Aufruf von `fclose()` verloren.

fgets()

Über den Dateizeiger können mit Hilfe der Funktion `fseek()` einzelne Datensätze in einer Datei aufgesucht werden. Zum Lesen und Schreiben von Speicherinhalten in binärer Form dienen die Funktionen `fread()` und `fwrite()`. An dieser Stelle soll jedoch nicht der Versuch gemacht werden, alle Funktionen zur Dateieingabe/-ausgabe auch nur zu erwähnen, sondern im nächsten Beispiel soll eine typische Anwendung gezeigt werden. Die dabei verwendete Funktion `fgets()` liest eine Zeichenkette ein, die durch einen Zeilenvorschub '\n' oder dem Dateiende begrenzt wird. Beim wiederholten Aufruf von `fgets()` wird jeweils die nächste Zeichenkette eingelesen. Besonders vorteilhaft bei `fgets()` ist, daß eine maximale Länge der einzulesenden Zeichenkette angegeben werden kann. Eine sichere Speicherzuordnung ist somit zu erreichen, da die maximale Länge dem zur Verfügung stehenden Feld angepaßt werden kann. Das terminierende Zeichen '\0' wird generell angehängt.

```
#define ANZ 129
char str[ANZ];
...
if(fgets(str,ANZ,handle))
    ...; /* Zeichenkette gelesen */
else
    ...; /* Dateiende erreicht */
...
```

Falls keine Zeichen gelesen werden konnten, da das Dateiende erreicht wurde, wird ein Nullzeiger zurückgegeben, ansonsten der Zeiger auf die Zeichenkette. Der Dateizeiger wird bei `fgets()` als letztes Argument verwendet.

In dem folgenden Beispiel soll ein Feld, bestehend aus maximal x Meßreihen, in eine Datei gespeichert und wieder eingelesen werden. Die Datei soll als reiner ASCII-Text ausgelegt sein. Jede Meßreihe besteht wiederum aus einem Namen und 4 ganzzahligen Meßwerten.

Werte in Datei sichern

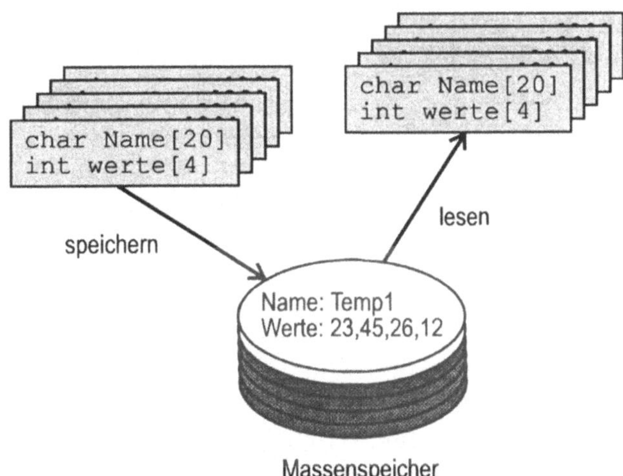

Abb. 1-49: Auslagern von komplexen Daten

129

Die einzelnen Werte sind durch ein Komma zu trennen, um sie in ein weiterverarbeitendes Programm einlesen zu können. Dem Namen ist die Zeichenkette "Name:" und den Werten "Werte:" voranzustellen. Diese Zeichenketten sollen sich jeweils am Anfang einer Zeile befinden.

```c
#include <stdio.h>
#include <string.h>

typedef struct {
  char name[20];
  int werte[4];
  } MESSREIHE;

#define MAXANZ 10
#define MAXLINE 129 /*Max. ANZ. Z./Zeile*/

MESSREIHE w[MAXANZ]= {
                    {"Messung1",{1,2,3,4} },
                    {"Messung2",{4,5,6,7} },
                    {"Messung3",{8,9,2,3} },
                    {"Messung4",{2,3,4,5} },
                    {"Messung5",{5,6,7,8} },
                    {"Messung6",{2,4,6,8} },
                    {"Messung7",{3,4,5,6} },
                    {"Messung8",{5,7,9,1} }
                      };
/* Vorbes. lediglich zum Test */

FILE *fp;
char str[MAXLINE];
char str1[MAXLINE];
char str2[10],str3[10];
char str4[10],str5[10];
int i;
...
/* Lesen */
```

```c
fp=fopen("MESSUNG.ASC","wt");
while(*(w[i].name) && i<MAXANZ)
  { fprintf(fp,"Name: %s\n",w[i].name);
    fprintf(fp,"Werte: %d, %d, %d, %d\n"
             ,w[i].werte[0],w[i].werte[1],
              w[i].werte[2],w[i].werte[3]);
    i++;
  }
fclose(fp);
...
/* Schreiben */
fopen("MESSUNG.ASC","rt");
i=0;
while(fgets(str,MAXLINE,fp))
  { if(i<MAXANZ)
      { if(sscanf(str,"%s %s %s %s %s"
               ,str1,str2,str3,str4,str5))
          { if(!stricmp(str1,"Name:"))
              strcpy(v[i].name,str2);
            else
              if(!stricmp(str1,"Werte:"))
                {
        sscanf(str2,"%d",&(v[i].werte[0]));
        sscanf(str3,"%d",&(v[i].werte[1]));
        sscanf(str4,"%d",&(v[i].werte[2]));
        sscanf(str5,"%d",&(v[i].werte[3]));
                  i++; /* nächste Messr. */
                } /* if(...,"Werte:")) */
              else
                printf("Fehler\n");
          }
      } /* if(sscanf(str,"s ... )) */
  } /* Dateiende erreicht */
if(i<MAXANZ)
  *(v[i].name)=0; /* Ende Messr. mark. */
fclose(fp);
...
```

Die Funktion `stricmp()` führt, im Gegensatz zu der behandelten Funktion `strcmp()`, einen Vergleich unabhängig von der Klein-/Großschreibung durch. Die eingelesene Zeichenkette wird zunächst in ihre Bestandteile zerlegt, die dann einzeln analysiert werden. Wichtig ist dabei eine ausreichende Länge der Teilzeichenketten, die ggf. zur Laufzeit zu überprüfen ist.

Eine Absicherung gegen einen unsachgemäßen Aufbau der einzulesenden Datei findet nicht vollständig statt und ist noch zu ergänzen. Für den praktischen Einsatz sind die Vorgänge zum Lesen und Schreiben des Feldes `w` sinnvollerweise in einer separaten Funktion unterzubringen. Der Vorteil von in Textform geschriebenen Dateien liegt in der leichten Lesbarkeit, die eine einfache Kontrolle und Modifikation der Dateien ermöglicht.

Hilfsfunktionen

In diesem Abschnitt soll ein Satz nützlicher Funktionen vorgestellt werden, denen die Headerdatei `<stdlib.h>` zugeordnet ist. Die Funktionen zur dynamischen Speicherverwaltung sind schon in dem betreffenden Kapitel behandelt worden. Aus der Vielzahl von Funktionen soll lediglich eine Auswahl vorgestellt werden.

exit()

Unverzichtbar ist die Funktion `exit()`. Mit Hilfe dieser Funktion kann der Programmablauf, welcher normalerweise mit dem Verlassen der Funktion `main()` endet, vorzeitig beendet werden. Der Funktion `exit()` muß ein Parameter vom Typ `int` mitgegeben werden, um der aufrufenden Umgebung den Grund des Programmabbruchs mitzuteilen. Der Wert Null entspricht der fehlerfreien Ausführung.

```
...

if(FATALERFEHLER)
    exit(7); /* Fataler Fehler */

...
```

ato...()

Die Funktionen `atoi()`, `atol()` und `atof()` können eine Zeichenkette in eine Zahl konvertieren. Für die

Datentypen `int`, `long` und `float` existiert jeweils eine eigenen Funktion. Die Zuordnung geschieht über den letzten Buchstaben der Funktionen.

```
int i;
char str="4711";
...
i=atoi(str); /* i = 4711 */
...
```

Eine Fehlerbehandlung ist nicht vorgesehen. Nützlich sind diese Funktionen in Mikrokontrolleranwendungen, wenn die Funktionen der Headerdatei `<stdio.h>`, wie `sscanf()` usw. nicht eingesetzt werden sollen, da eine formatierte Ein-/Ausgabe nicht notwendig ist und der Speicherbedarf dieser Funktionen den der Funktionen `atoi()` usw. bei weitem übersteigt.

Nicht ganz einfach anzuwenden, aber äußerst nützlich sind die Funktionen `qsort()` und `bsearch()`, welche zum Sortieren und Aufsuchen von Daten zu verwenden sind. Der Funktionsprototyp von `qsort()`

**qsort()
bsearch()**

```
void qsort(void *basis, size_t n,
     size_t groesse,
     int(*cmp)(const void*, const void *))
```

sieht auf den ersten Blick verwirrend aus. Kern ist ein Feld mit dem Namen `basis` der Länge `n` mit einer Elementgröße von `groesse`. Die Kombination aus Verwendung des Datentyps `void` für das Feldelement und der Kenntnis der Elementgröße ermöglicht es, beliebige Datentypen in diesem Feld unterzubringen.

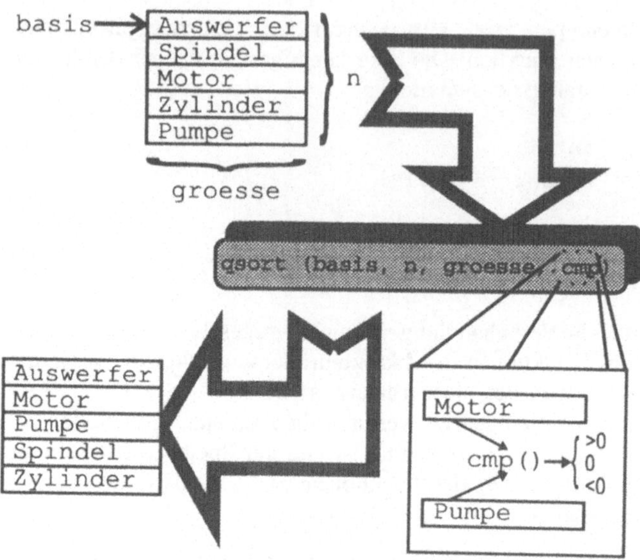

Abb. 1-50: Die Funktion qsort()

Wichtig ist dabei eine entsprechende Typkonvertierung. Jetzt fehlt noch eine, dem im Feld wirklich enthaltenen Datum entsprechende Vergleichsfunktion. Diese muß den Prototyp

```
int vergleich(void *, void *)
```

besitzen und ihr Zeiger `vergleich` kann für `qsort()` als Parameter `cmp` benutzt werden. Die Funktion `vergleich` muß eine 0 im Falle der Gleichheit und ein Kleiner- bzw. Größerverhältnis durch eine negative bzw. positive Zahl ausdrücken. Damit ist z.B. die schon bekannte Funktion `strcmp()` geeignet, wenn als Schlüssel eine Zeichenkette fungiert.

```
#include <stdio.h>
#include <stdlib.h>
#include <string.h>
```

```
int vergleich( const void *a,
               const void *b);
char name_mes[5][15] = { "Auswerfer",
                         "Spindel",
                         "Motor",
                         "Zylinder",
                         "Pumpe" };
/* Vorbesetzung zu Testzwecke */
...
qsort((void *)name_mes, 5,
      sizeof(name_mes[0]), vergleich);
...
/* Definition der Vergleichsfunktion */
int vergleich( const void *a,
               const void *b)
  { return( strcmp((char *)a,(char *)b) );
  }
```

Im Feld `name_mes` sind die Namen der vorgenommenen Messungen enthalten. Diese wurden zur besseren Übersicht alphabetisch sortiert. Die Funktion sorgt für die entsprechende Typkonvertierung, um `strcmp()` als Vergleichsfunktion verwenden zu können. Zum Aufsuchen eines Elementes dient `bsearch()`. Soll das Element mit dem Namen "Pumpe" aufgesucht werden, lautet der Aufruf analog zu `qsort()` :

```
char *str;
...
str = (char*)bsearch("Pumpe",name_mes, 5,
      sizeof(name_mes[0]),vergleich);
...
```

bsearch()

Im Unterschied zu `qsort()` wird ein erstes Argument vom Typ `void*` als Suchschlüssel übergeben. In der praktischen Anwendung sollte die Funktion `bsearch()` nur innerhalb einer eigenen Funktion aufgerufen werden, die die entsprechenden Typkonvertierungen vornimmt.

```
char* sucheMessung(char * s)
  { return (char*)bsearch(s,name_mes,5,
        sizeof(name_mes[0]),vergleich);
  }
```

Damit werden Fehler im Rahmen der Typisierung vermieden, da die gefährliche Typkonvertierung und die Parametrierung nur zentral an einer Stelle vorgenommen wird. Um `qsort()` und `bsearch()` universeller einsetzen zu können, kann auch ein Feld auf eine komplexe, Nutzdaten-enthaltende Datenstruktur mit entsprechendem Schlüsselfeld und einer passenden Vergleichsfunktion sortiert werden.

Algorithmen in der Automatisierungstechnik

Die Steuerung von Prozessen und Bewegungsabläufen mit dem Computer sind heute in der Automatisierungstechnik Stand der Technik. Eine Vielzahl verschiedener Rechnersysteme, vom Mikrokontroller bis hin zum Mini- bzw. Großrechner, werden für Prozeßsteuerungen eingesetzt. Egal wie auch immer die Hardware geartet ist, eines haben alle Systeme gemeinsam: Die Programmiersprache C. Natürlich werden auch andere, speziellere Programmiersprachen angewendet. Jedoch steht mit C eine Sprache zur Verfügung, die durch ihre maschinennahe Implementation für den Einsatz in Prozeßsystemen sehr gut geeignet und dabei noch in weiten Teilen zu anderen Rechnern portabel ist.

Anhand der sehr weit verbreiteten Rechnerfamilie der IBM-kompatiblen PCs sollen die wichtigsten Techniken zur Programmierung von Schnittstellen bereitgestellt werden. Diese Techniken sind auf andere Rechner übertragbar.

E/A Bausteine

Um Steuerungen zu realisieren, ist es erforderlich, die Sensorik an den steuernden Personal Computer anzuschließen. Hierbei versteht man unter Sensorik Wandler, die physikalische Größen, wie z.B. Wege, Temperaturen oder Drücke in Spannungen konvertieren, oder digitale Meßaufnehmer, die Prozeßzustände wie Überdruck, Unterdruck, Voll, Leer, Ein, Aus oder Alarm in logische (1 oder 0) Zustände darstellen. Die Kopplung zwischen PC und Prozeß erfolgt durch Schnittstellen- oder Interfacegeräte (engl. Grenzfläche, Nahtstelle), die entweder als Einsteckkarte oder als externe Geräte ausgeführt sind. Die Ansteuerung der einzelnen Komponenten sind zumeist identisch, so daß im folgenden zuerst auf die prinzipielle Programmierung eingegangen wird. Danach werden die gängigen Bausteine vorgestellt und ihre Funktionalität anhand von Beispielen erläutert.

Lesen und Schreiben von Hardware-Schnittstellen

Bei der Programmierung von E/A-Bausteinen kommt man mit wenigen C-Befehlen aus. Müssen zum Beispiel Schnittstellenkarten gelesen oder beschrieben werden, so erfolgt das im allgemeinen durch Portzugriffe. Hierzu stehen die Funktionen `outport()` für Ausgaben und `inport()` für Eingaben zur Verfügung.

outport( )

Schreibt ein Datenwort, also 2 Bytes, an eine I/O-Adresse.

```
void outport ( int Adresse, int Wert );
```

outportb( )

Schreibt ein Byte an eine I/O-Adresse

```
void outportb( int Adresse, unsigned char
Wert );

/* Beispiel, schreibt einen 8-Bit Wert
(0xA5) auf den Druckerport der
Herculeskarte.                         */

#include <dos.h>

void main( void )
{
char Wert   = 0xA5;
/* Beliebiger Wert              */
int Adresse = 0x3BC;
/* Druckerport der Herculeskarte */

outportb( Adresse, Wert );
/* schreibe Wert an Adresse     */
}
```

inport( )

Liest einen 2-Byte-Wert von einer I/O-Adresse

```
int inport ( int Adresse );
```

inportb( )

Liest ein Byte von einer I/O-Adresse

```
unsigned char inportb( int Adresse );
```

Der Zugriff auf beliebige Speicherstellen innerhalb des physikalischen Speichers kann durch die Befehle Peek und Poke erfolgen. Speziell für den IBM-kompatiblen PC erfolgt hier die Adressierung anders, als man es vielfach erwartet. So wird aus Kompatibilitätsgründen zu den alten 8086 Prozessoren die physikalische Adresse in Segment- und Offsetadresse unterteilt. Dieses war bei den 8086/88 Prozessoren notwendig, da alle Register nur 16 Bit breit waren, und damit nur 64k Speicher zu adressieren sind. Zur Adressierung stehen jedoch 20 Adressleitungen zur Verfügung.


```
physikalische Adresse =
          ( Segment *16 ) + Offset
```

Beispiel :

```
Segment Adresse      0000 0000 0001 0000
Offset Adresse       0000 0000 0000 0010

Segment         0000 0000 0001 0000 0000
Offset               0000 0000 0000 0010
-------------------------------------------
pys.            0000 0000 0001 0000 0010
```

Auch beim direkten Lesen und Schreiben von Speicherzellen sind, wie bei den I/O-Port-Zugriffen, sowohl Byte-, als auch Word-orientierte, Operationen möglich.

Liest zwei aufeinanderfolgende Speicherzellen und gibt diese in der Form eines Integerwertes als Funktionsergebnis zurück.


```
int peek( unsigned segment,
          unsigned offset );
```

Liest einen Byte-Wert von der angegebenen Speicherzelle und gibt das Funktionsergebnis als Datum vom Typ char zurück.

```
        char peekb( unsigned segment,
                    unsigned offset );
```

poke()

Schreibt einen Integerwert in die angegebene Speicherzelle. Hierbei steht das niederwertige Byte in der niedrigen Adresse.

```
        void poke( unsigned segment,
                   unsigned offset,
                   int wert );
```

pokeb()

Schreibt einen Bytewert in die durch Segment und Offset beschriebene Speicherzelle.

```
        void pokeb( unsigned segment,
                    unsigned offset,
                    char wert );

        /* Beispiel für den IBM-kompatiblen PC
        lesen der Basisadressen der seriellen
        Schnittstellen            */

        void main()
        {
        /* Der Zugriff erfolgt durch direktes Lesen
        des BIOS-RAM-Segmentes        */
        printf("Adresse COM1 : X%x",
               peek(0x0040,0x0000));
        printf("Adresse COM2 : X%x",
               peek(0x0040,0x0002));
        printf("Adresse COM3 : X%x",
               peek(0x0040,0x0003));
        printf("Adresse COM4 : X%x",
               peek(0x0040,0x0004));
        }
```

Interruptverarbeitung

Eine weitere, in der Prozeßsteuerung häufig verwendete Methode zur Steuerung von Prozeßereignissen ist die Interruptverarbeitung. Durch externe Signale können so Dienste

des Prozessors angefordert werden. Die C-Bibliotheken der
großen Compilerhersteller bieten gerade bei den IBM-
kompatiblen PCs eine ganze Menge nützlicher Funktionen
zur Bearbeitung von Interrupts.

Interruptservice-Routinen werden durch ein asynchrones,
d.h. ein Signal, das nur ab und zu auftritt, angeregt. Mit Hilfe
einer speziellen Logik wertet der Interrupt-Controller das
Eingangssignal aus und teilt die Interrupt-Anforderung durch
ein NMI, einem nicht maskierbaren Interrupt, dem Prozessor
mit. Dieser kann dann durch einen Portzugriff die Interrupt-
quelle ermitteln. Nun erfolgt vom Betriebssystem die Zuweisung des Hardwareinterrupts zu einer Serviceroutine. Der
zur Zeit laufende Programmcode wird unterbrochen, die
Prozessorregister werden in einem Speicherbereich gesichert
und die Serviceroutine wird ausgeführt. Nach Ihrem Abschluß wird der Interruptkanal freigegeben und der alte
Programmcode restauriert.

Man sieht, daß erheblicher Aufwand für das Umschalten
zwischen der Serviceroutine und dem Hauptprogramm
erforderlich ist. Durch die Bibliotheksfunktionen werden dem
Programmierer jedoch ein Großteil seiner Probleme abge-
nommen. Des weiteren ist darauf zu achten, daß die in Inter-
ruptserviceroutinen aufgerufenen Funktionen reentrant sind.

Interrupt-Serviceroutinen sollten mit dem Modifizierer
`interrupt` deklariert werden. In diesem Fall stellt der
Compiler sicher, daß bei einem Funktionsaufruf alle CPU-
Register gesichert werden und beim Verlassen der Routine
die Funktion mit einem *IRET* abgeschlossen wird. Sollte aus
irgendwelchen Gründen der Modifizierer nicht benutzt
werden, muß der Programmierer selbst für die Sicherung der
Systemumgebung sorgen.

**interrupt
(Modifizierer)**

Im folgenden werden die in den Beispielen benutzten
Funktionen kurz vorgestellt.

Lesen eines Interruptvektors. Ermittelt den 4-Byte großen
`far`-Zeiger der Interrupt-Serviceroutine mit der Nummer
`Int_Nummer`.

getvect()

```
              void interrupt
              (*getvect(int Int_Nummer));
```

setvect()

Schreiben eines Interruptvektors. Setzt den Vektor mit der Nummer `Int_Nummer` so, daß er auf die Interrupt-Serviceroutine `Int_Handler` zeigt.

```
       Int_Handler void setvect( int Int_Nummer,
              void interrupt( *Int_Handler ));
```

Des weiteren gibt es die Möglichkeit Interrupts zu sperren, um eine Interrupt-Serviceroutine als nicht unterbrechbare Einheit abarbeiten zu lassen. Dieses kann dann notwendig werden, wenn verschiedene Funktionen nicht nur lesend auf globale Daten zugreifen.

disable()

Unterdrückt die Erkennung von Hardwareinterrupts solange, bis diese durch `enable()` wieder freigegeben werden.

```
       void disable( void );
```

enable()

Gibt die mit `disable()` gesperrten Interrupts wieder frei.

```
       void enable( void );
```

```
/* Beispiel : Die Interrupt-Service-
   routine Int_Handler soll als nicht
   unterbrechbare Einheit ausgeführt
   werden ...                              */

void interrupt Int_Handler( )
{
/* Hardware-Interrupts sperren          */
disable();
/* Funktionen der Serviceroutine        */

...
```

```
/* Hardware-Interrupts zulassen          */
enable();
}
```

Der Timerbaustein

Häufig bestimmen zeitliche Abläufe ein Prozeßgeschehen oder es sind Zeitgeber erforderlich, um bestimmte Ereignisse auszuwerten. Zwar verfügt ein IBM-kompatibler Personal-Computer über drei, voneinander unabhängigen Timern, diese werden jedoch vom System benutzt und stehen so dem Programmierer nicht zur freien Verfügung. Wird ein zusätzlicher Timerbaustein vom Typ 8253/54 mit eigenem Oszillator eingesetzt, sind einige, interessante weitere Funktionen möglich und erlauben darüber hinaus ein Prozessor-unabängiges Timing.

Als Beispiel für einen gängigen Timerbaustein soll der im PC eingesetzte 8254 vorgestellt werden. Dieser verfügt über drei, voneinander unabhängige 16-Bit Timer, die in sechs verschiedenen Betriebsarten programmiert werden können. Hierdurch ist nahezu jedes Zähler- oder Timerproblem zu lösen. Als Beispiel seien folgende Anwendungen genannt :

- Echtzeituhr
- Ereigniszähler
- Programmierbarer Impulsgenerator
- Programmierbarer Rechteckgenerator
- Komplexer Funktionsgenerator
- Schrittmotorsteuerung.

Der Baustein besteht aus sechs wesentlichen Elementen. Dem Datenbuffer, der Schreib-/Leselogik, dem Kontrollwort-Register und den drei unabhängigen Zählern.

**Funktions-
beschreibung
8253/54**

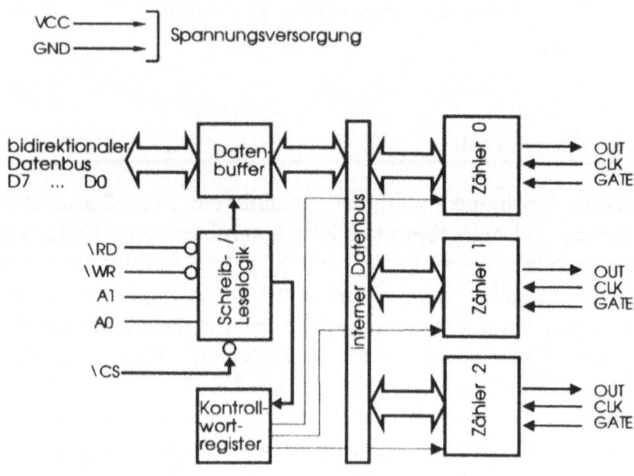

Abb. 2-1: Funktionselemente des Timerbausteins

Der Datenbuffer ist als bidirektionaler Three-State-Buffer ausgelegt und kann direkt an einen Datenbus angeschlossen werden. Der Buffer verbleibt solange im Three-State-Zustand, wie \CS und \RD oder \WR nicht aktiviert sind.

Die Schreib-Leselogik akzeptiert Eingaben vom Systembus und generiert Kontrollsignale für die internen Komponenten des 8254. Die Adressleitungen A0 und A1 selektieren einen der drei Zähler oder das Kontrollregister für Lese- und Schreiboperationen. Ein aktiv LOW am \RD Eingang ermöglicht Lesezugriffe, ein aktiv LOW am \WR Eingang erlaubt das Schreiben von Steuerworten. Sowohl das \RD, als auch das \WR werden nicht beachtet, solange \CS nicht aktiv LOW ist. Die entsprechenden \RD, \WR und \CS Signale werden von der Hardware generiert, so daß der Programmierer hier nicht eingreifen muß.

Das Kontrollwortregister wird von der Schreib-/Leselogik angewählt, wenn die Adressleitungen A0 und A1 aktiv HIGH sind. Ein Schreibzugriff speichert das 8-Bit Datenwort im

Kontrollwortregister und interpretiert dieses als Steuerwort
für den Zählermodus.

Die drei Zählerbausteine sind vollkommen funktionsidentisch
und unabhängig voneinander konfigurierbar. Jeder der Zähler
kann in sechs verschiedenen Betriebsarten programmiert
werden.

Bevor die einzelnen Betriebsarten beschrieben werden, ist es
sinnvoll einige Vereinbarungen zu treffen, um die Programme
auf beliebige Interfacekarten angepassen zu können.

Die Basisadresse des Timers ist beliebig, wir definieren hier:

**Programmier-
vereinbarung**

```
/* Basisadresse des Timers meiner
Interfacekarte */
#define TimerAdr     0x1b8
```

hieraus folgt für die weiteren Adressen :

```
#define Timer0  TimerAdr
/* Zugriff auf Ein-/Ausgabebuffer von
Zähler 0 */

#define Timer1  TimerAdr+1
/* Zugriff auf Ein-/Ausgabebuffer von
Zähler 1 */

#define Timer2  TimerAdr+2
/* Zugriff auf Ein-/Ausgabebuffer von
Zähler 2 */

#define TimerCntrl TimerAdr+3
/* Zählerkontrollregister */
```

Diese Adressdefinition ist allgemein gültig und ergibt sich
aus der Dekodierung der Steuerleitungen A0 und A1. Die
Bedeutung des Steuerwortes ist der folgenden Abbildung zu
entnehmen :

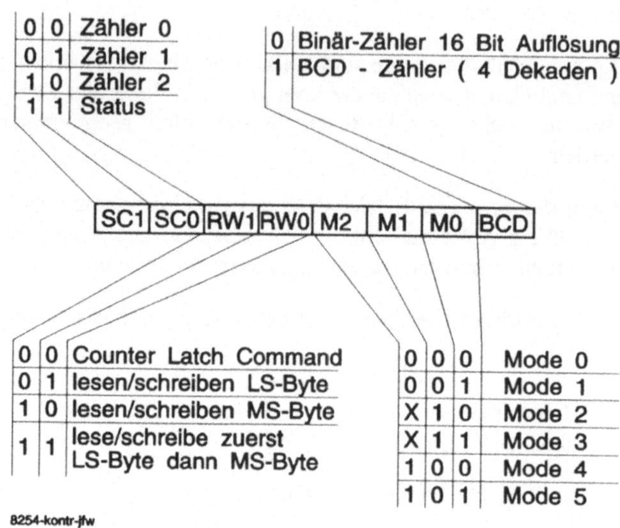

Abb. 2-2: Steuerwort des 8254

Betriebsart 0

Diese Betriebsart wird typischerweise für Ereigniszähler eingesetzt. Nach dem Schreiben des Steuerwortes geht der Ausgang des Zählers OUT auf logisch 0. Dieser bleibt solange logisch 0, wie der Nulldurchgang nicht wieder erreicht wird. Der Zähler wird automatisch nach dem Laden des Anfangswertes gestartet. Ein aktiv HIGH Signal an Gate ermöglicht das Zählen der Impulse die an CLK anliegen. Nach Erreichen des Nulldurchgangs wird der Ausgang OUT logisch 1. Das Zurücksetzen erfolgt durch erneutes Schreiben des Steuerwortes.

```
/* Beispiel: Programmieren von Zähler 0 in
Mode 0, Binärzähler schreibe zuerst LSB
dann MSB
Steuerwort :    00110000   = 0x30
Zählerstand:    20000      = 0x4E20     */
```

```
outportb(TimerCntrl,0x30);
/* Steuerwortes, Zähler 0 Mode 0 */
outportb(Timer0,0x20);
/* Startwert Zähler 0, LOW-Byte  */
outportb(Timer0,0x4E);
/* Startwert Zähler 0, HIGH-Byte */
```

Betriebsart 1 ermöglicht die Programmierung eines Hardware triggerbaren Monoflops. Im Ruhezustand ist der Ausgang OUT logisch 1. Eine steigende Flanke des GATE-Signales startet den Zähler und setzt OUT auf logisch 0. Beim Zählerstand 0 wird der Ausgang erneut auf logisch 1 gesetzt und der Zähler gestoppt. Eine erneute steigende Flanke des GATE-Signales startet den Zähler erneut.

```
/* Programmieren von Zähler 2 in Mode 1,
Binärzähler, zählen bis 250. Es reicht aus,
das nur das LSB gesetzt wird.
Steuerwort   :    01010010  = 0x52
Zählerstand :    250        = 0xFA    */

outportb(TimerCntrl,0x52);
/* Steuerwort, Zähler 1 Mode */
outportb(Timer0,0xFA);
/* Startwert Zähler 1 */
```

Betriebsart 2 ermöglicht die Programmierung eines Frequenzgenerators. Das an CLOCK anliegende Signal wird durch den in das Zählerregister geschriebenen Wert geteilt. Dieser Modus wird üblicherweise genutzt, um einen periodischen Interrupt auszugeben. Der Zähler startet automatisch nach dem Schreiben des Steuerwortes. Wurde der initialisierte Zählerstand auf 1 dekrementiert, wird OUT für eine Zählerperiode aktiv LOW gesetzt. Danach startet der Zähler erneut. Durch ein aktiv LOW am GATE kann der Zählvorgang gestoppt werden.

Betriebsart 1

Betriebsart 2

```
/* Programmiere Zähler 0 in Mode 2 als
Binärzähler, alle 1024 Takte soll ein
Interrupt ausgelöst werden. Schreibe zuerst
LSB dann MSB  Steuerwort :      00110100  =
0x34 Zählerstand:     1200       = 0x4B0 */

outportb(TimerCntrl,0x34);
/* Steuerwortes, Zähler 0 Mode 2 */
outportb(Timer0,0xB0);
/* Startwert Zähler 0, LOW-Byte  */
outportb(Timer0,0x40);
/* Startwert Zähler 0, HIGH-Byte */
```

Betriebsart 3

In der Betriebsart 3 arbeitet der 8254 als Generator mit symmetrischem Ausgangssignal, also als Rechteckgenerator. Betriebsart 2 und 3 sind, bis auf das Ausgangssignal OUT, identisch. Während im Mode 2 nur im letzten Takt das Signal OUT aktiv LOW ist, wird Mode 3 aktiv HIGH initialisiert und wechselt nach dem halben Zählerstand auf aktiv LOW. Auch in dieser Betriebsart ist der Baustein repitierend, d.h. nach Ablauf eines Intervalls beginnt er selbständig von vorn. Durch ein aktiv LOW am Gate kann auch hier der Zählvorgang unterbrochen werden.

```
/* Programmieren von Zähler 2 in Mode 3 als
Binärzähler, Rechtecksignal mit einer
Periode von 50 Takten. Schreibe nur LSB
Steuerwort :     10010110  = 0x96
Zählerstand:     50         = 0x32     */

outportb(TimerCntrl,0x96);
/* Steuerwortes, Zähler 2 Mode 3 */
outportb(Timer2,0x32);
/* Startwert Zähler 2, LOW-Byte */
```

Betriebsart 4

Durch die Betriebsart 4 kann ein Software-gesteuerter Impuls erzeugt werden. Nach dem Schreiben des Steuerwortes und der Initialisierung des Zählerstandes startet der Zähler. Der

Ausgang wird aktiv HIGH gesetzt. Mit jedem Takt an CLK wird der Zähler dekrementiert. Ist der Nulldurchgang überschritten, wird für eine Taktperiode ein aktiv LOW Signal an OUT gesetzt. Ein LOW Signal an GATE sperrt den Zählvorgang.

```
/* Programmieren von Zähler 1 in Mode 4 als
Binärzähler, Impuls nach 50000 Taktzyklen
schreibe zuerst LSB dann MSB
Steuerwort :     01111000  = 0x78
Zählerstand:     50000     = 0xC350 */

outportb(TimerCntrl,0x78);
/* Steuerwortes, Zähler 0 Mode 0 */
outportb(Timer0,0x50);
/* Startwert Zähler 0, LOW-Byte  */
outportb(Timer0,0xC3);
/* Startwert Zähler 0, HIGH-Byte */
```

In Betriebsart 5 kann ein Hardware-gesteuerter Impuls erzeugt werden. Im wesentlichen funktioniert diese Betriebsart identisch dem Mode 4, jedoch mit dem Unterschied, daß der Zählvorgang nicht durch den Initialisierungsvorgang, sondern durch eine steigende Flanke an GATE gestartet wird. Auch in dieser Betriebsart wird OUT mit einem HIGH-Pegel initialisiert und geht für einen Takt nach Ablauf des Zählintervalls auf LOW.

Betriebsart 5

```
/* Programmieren von Zähler 2 in Mode 5 als
Binärzähler, Impuls nach 2048 Takten
Steuerwort :     10101010  = 0xAA
Zählerstand:     2048      = 0x0800    */

outportb(TimerCntrl,0xAA);
/* Steuerwortes, Zähler 2 Mode 0    */
outportb(Timer0,0x08);
/* Startwert Zähler2 nur HIGH-Byte */
```

Parallele Portbausteine

Bei vielen Anwendungen in denen parallele Daten verarbeitet oder in denen Bitmanipulationen vorgenommen werden, wird man an dem programmierbaren Peripherie-Interface 8255 nicht vorbei kommen. Durch eine Vielzahl von Programmiermodi kann dieser Baustein flexibel für viele verschiedene Anwendungen programmiert werden. Der 8255 ist ein prozessorunabhängiges I/O-Device. Die 24 I/O-Pins können individuell in zwei Gruppen zu je 12 Leitungen oder in drei Gruppen zu je 8 Leitungen in drei verschiedenen Grundmodi programmiert werden.

**Funktions-
beschreibung
8255**

Die vier logisch getrennten Funktionsgruppen stellen sich wie folgt dar:

1. Die **Schreib-/Leselogik** wird durch die Steuersignale A1, A0, RD, WR, CS und RESET gesteuert. Ein Schreib- oder Lesezugriff auf diese Logik bewirkt einen Moduswechsel der Betriebsart oder man kann Daten vom Bus lesen, dorthin schreiben und den Bus hochohmig schalten.

2. Der **Datenpuffer** übernimmt das Datenmanagement zwischen CPU-Bus und internem Datenbus. Er sichert die Daten die vom Bus gelesen oder zum Bus geschrieben werden. Der 8255 besitzt für alle I/O-Kanäle getrennte Schreib-/Lesepuffer.

3. Die **Gruppen-Steuerelemente** sind vom Benutzer durch Software konfigurierbar. Im wesentlichen schreibt der Programmierer ein Steuerwort in den Baustein. Je nach vorheriger Programmierung wird das Steuerwort interpretiert. Hierdurch ist eine sehr flexible Programmierung möglich.

4. Die **I/O-Gruppen** bilden das Interface zum Prozeß. Es stehen drei 8-Bit-Kanäle zur Verfügung, die in vielfacher Weise programmiert werden können. Die nähere Funktion ist in den folgenden Unterpunkten eingehend behandelt.

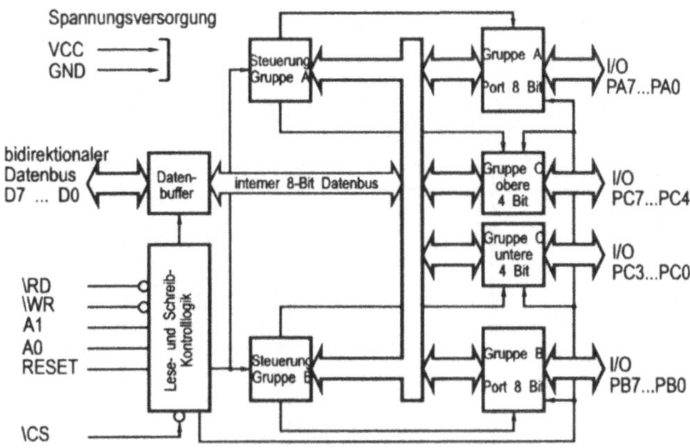

Abb. 2-3: Blockschaltbild

Bei der Wahl der Betriebsarten können die drei I/O Ports durch die Systemsoftware konfiguriert werden. Hierbei sind drei Modi möglich:

1. Betriebsart 0   Einfache Ein-/ Ausgabe
2. Betriebsart 1   Getastete Ein-/ Ausgabe
3. Betriebsart 2   zwei bidirektionale Busse
                    mit Steuerleitung

Durch ein Resetsignal oder durch Einschalten des Systems werden alle Kanäle in die Betriebsart 0 gesetzt. Hierbei befinden sich die I/O Leitungen hochohmig auf einem logischen HIGH-Pegel. Jede andere Betriebsart kann während des Betriebes, durch Schreiben des gewünschten Steuerwortes, in das Steuerregister eingestellt werden.

Während die Betriebsarten der Kanäle A und B getrennt eingestellt werden können, hängt die Funktionsweise des Kanals C von den Betriebsarten der anderen Kanäle ab. Dieser kann, entsprechend der Erfordernisse, in zwei Teile aufgeteilt werden. Bei jedem Moduswechsel werden alle Ausgaberegister, einschließlich der Zustands-Flip-Flops, zurückgesetzt. Durch die Kombination verschiedener Betriebs-

arten kann nahezu jede gewünschte I/O-Konfiguration maß-
geschneidert werden.

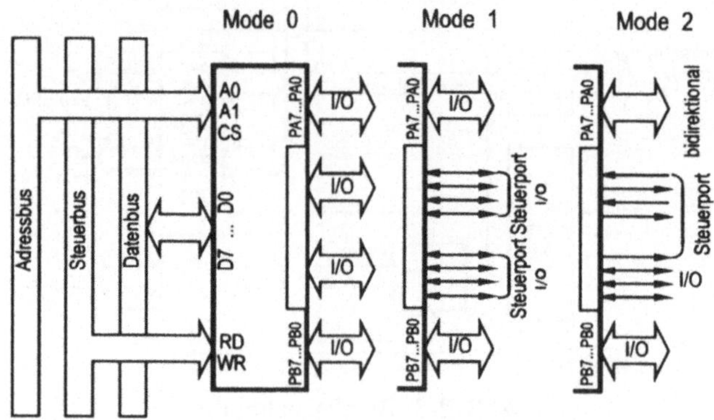

Abb. 2-4: Überblick der Betriebsarten

Die Basisadresse des Portbausteins kann eine beliebige
Adresse im gültigen Adressbereich sein Alle weiteren Adres-
sen bedingen sich aus der Dekodierung der Steuerleitungen
A0 und A1. Für die Beispiele wird definiert:

```
#define PIOAdr   0x1b0
/* Basisadresse des 8255 meiner
Interfacekarte */
```

daraus folgt dann für die weiteren Adressen :

```
#define PIO_A    PIOAdr
/* Zugriff auf Port A               */
#define PIO_B    PIOAdr+1
/* Zugriff auf Port B               */
#define PIO_C    PIOAdr+2
/* Zugriff auf Port C               */
#define PIOCntrl     PIOAdr+3
/* PIO-Kontrollregister        */
```

Die Betriebsart 0 ermöglicht einfache Eingabe- und Aus-
gabeoperationen auf jeden der drei Kanäle, ohne daß Handshake-Signale erforderlich sind. Die Daten werden einfach
gelesen oder geschrieben. Die Vorteile dieses Betriebes in
der Aufzählung :

Betriebsart 0

- jeder Kanal kann als Eingang oder Ausgang geschaltet
  werden

- Ausgänge werden zwischengespeichert

- Eingänge werden nicht zwischengespeichert

- 16 verschiedene I/O-Konfigurationen möglich

Tabelle: Kanaldefinitionen in Betriebsart 0

Nr.	Hex-Wert	D7	D6	D5	D4	D3	D2	D1	D0	Kanal A	Kanal B	Kanal C high	Kanal C low
0	0x80	1	x	x	x	0	0	0	0	OUT	OUT	OUT	OUT
1	0x81	1	x	x	x	0	0	0	1	OUT	OUT	OUT	IN
2	0x82	1	x	x	x	0	0	1	0	OUT	IN	OUT	OUT
3	0x83	1	x	x	x	0	0	1	1	OUT	IN	OUT	IN
4	0x84	1	x	x	x	0	1	0	0	OUT	OUT	IN	OUT
5	0x85	1	x	x	x	0	1	0	1	OUT	OUT	IN	IN
6	0x86	1	x	x	x	0	1	1	0	OUT	IN	IN	OUT
7	0x87	1	x	x	x	0	1	1	1	OUT	IN	IN	IN
8	0x88	1	x	x	x	1	0	0	0	IN	OUT	OUT	OUT
9	0x89	1	x	x	x	1	0	0	1	IN	OUT	OUT	IN
10	0x8A	1	x	x	x	1	0	1	0	IN	IN	OUT	OUT
11	0x8B	1	x	x	x	1	0	1	1	IN	IN	OUT	IN
12	0x8C	1	x	x	x	1	1	0	0	IN	OUT	IN	OUT
13	0x8d	1	x	x	x	1	1	0	1	IN	OUT	IN	IN
14	0x8E	1	x	x	x	1	1	1	0	IN	IN	IN	OUT
15	0x8F	1	x	x	x	1	1	1	1	IN	IN	IN	IN

```
/* Programmieren des 8255 12 Bit lesen,
Port A, Port C upper 12 Bit schreiben,
PortB, PortC lower
Steuerwort :     10001100  = 0x8C */
```

```
outportb(PIOAdr,0x8C);
/* Steuerwortes, Zähler 0 Mode 0    */
InVal_A = inportb(PIO_A);
/* lese 8-Bit Wert von Port A       */
InVal_C = inportb(PIO_C);
/* lese 4-Bit Wert von Port C       */
InVal = InVal_C << 8 + InVal_A;
/* InVal ist 12-Bit Wert            */

OutVal_B = OutVal & 0xFF;
/* In OutVal_B sind die lower 8-Bit*/
OutVal_C = OutVal >> 8;
/* In OutVal_C sind die high 4-Bit */

outportb(PIO_B,OutVal_B);
/* schreibe OutVal_B auf Port B     */
outportb(PIO_C,OutVal_C);
/* schreibe OutVal_C auf Port C     */
```

Betriebsart 1

Diese Betriebsart hat eine Bedeutung bei getakteter oder "handshake" Datenkommunikation zwischen dem Portbaustein und einer externen Datenquelle bzw. -senke. In diesem Betriebsmode dient eine Hälfte des Kanals C zur Generierung von Steuerleitungen. Die Ports A und B können wahlweise als Empfänger oder Sender programmiert werden. Folgende Funktionen hat die Betriebsart 1:

- zwei unabhängige Kommunikationsgruppen (A und B)

- jede Gruppe hat einen 8 Bit Datenkanal und einen 4 Bit Kontroll- / Datenkanal

- der 8 Bit Datenkanal kann Eingang oder Ausgang sein. Eingänge und Ausgänge werden zwischengespeichert.

- die 4 Bit Kanäle werden als Steuer- und Kontrollport der 8 Bit Kanäle benutzt.

Abhängig von den Betriebsarten *Sender* oder *Empfänger* werden unterschiedliche Signale auf dem Steuerbus vom Portbaustein erzeugt.

Tabelle: Signale des Empfängers

PORT A	PC 3	INTR	Interrupt Request (Interrupt-Anfrage) INTR wird logisch "high" gesetzt, wenn STB, IBF und INTE logisch "high" sind. Dieses Signal kann dazu benutzt werden Serviceroutinen des Prozessors anzufordern.
PORT A	PC 4	STB	Strobelnput Ein logischer "Low" Pegel an diesem Eingang lädt Daten in den Eingabebuffer.
PORT A	PC 5	IBF	Input Buffer Full (Eingabebuffer voll) Ein logischer "high"-Pegel an diesem Ausgang zeigt an, daß Daten in den Eingangsbuffer geladen worden sind. IBF wird gesetzt, wenn STB "low" ist und wird nach der steigenden Flanke von RD zurückgesetzt.
PORT A	PC 6,7	I/O	I/O Leitungen können z.B. zum Auslesen eines 10-Bit AD-Wandlers genutzt werden.
		INTE A	Internes Register zur INTR-Generierung wird durch Setzen des Ports PC4 kontrolliert.
		INTE B	Internes Register zur INTR-Generierung wird durch Setzen des Ports PC2 kontrolliert.
PORT B	PC 0	INTR	siehe Port A
PORT B	PC 1	STB	siehe Port A
PORT B	PC 2	IBF	siehe Port A

Tabelle: Signale des Senders

PORT A	PC 3	INTR	Interrupt Request (Interrupt-Anfrage) Ein logisch "high" an diesem Ausgang kann die CPU unterbrechen, wenn die Daten von einem Ausgabegerät akzeptiert wurden. INTR wird gesetzt, wenn ACK, OBF und INTE logisch "high" sind. Er wird gelöscht mit der fallenden Flanke von WR.
PORT A	PC 6	ACK	Acknowledge Input (Empfangsbereitschaft) Ein logischer "Low" Pegel an diesem Eingang teilt dem Baustein mit, daß die Daten vom Peripheriegerät akzeptiert wurden.

PORT A	PC 7	OBF	Output Buffer Full (Ausgabebuffer voll) Das OBF Signal wird "low" um einen Schreibvorgang von der CPU in den Baustein anzuzeigen. Die Daten sind bei der steigenden Flanke von OBF mit Sicherheit gültig.
PORT A	PC 4,5	I/O	I/O Leitungen können z.B. zum Auslesen eines 10-Bit AD-Wandlers genutzt werden.
		INTE A	Internes Register zur INTR-Generierung wird durch Setzen des Ports PC6 kontrolliert.
		INTE B	Internes Register zur INTR-Generierung wird durch Setzen des Ports PC2 kontrolliert.
PORT B	PC 0	INTR	siehe Port A
PORT B	PC 1	OBF	siehe Port A
PORT B	PC 2	ACK	siehe Port A

In der Betriebsart 1 sind auch Kombinationen der Eingabe-
und Ausgabemodi möglich. So kann z.B. Port A als Strobed-
Input und Port B als Strobed-Output geschaltet werden oder
umgekehrt.

```
/* Programmieren des 8255 Port A in Mode 1
Interrupt bei lesen
Steuerwort :    10111000  = 0xB8
Beispiel Interrupt des Pins PC3 ist INTR
und liegt auf IRQ 5, der IRQ 5 liegt aus
der 0x0D                  */

#define PIO_INTR   0x0D
/* Hier könnte auch jeder andere freie
Interrupt stehen ...          */
unsigned char Buffer;
/* globaler Buffer                */
boolean BufferFull;
/* Flag für Buffer voll           */

/* Definition der Int-Routine     */
void interrupt PIO_Handler()
{
```

```c
Buffer = inportb(PIO_A);
/* auslesen des PIO-Datenbuffers    */
BufferFull = TRUE;
/* Flag setzen ...                  */
}
/* Speicher für den alten Handler   */
void interrupt (*OldIRQ)();


void main ()
{
outportb(PIOAdr,0xB8);
/* Steuerwort Strobet-I/O, Port A   */
OldIRQ = getvect(PIO_INTR);
/* den alten Handler Speichern */
setvect(PIO_INTR,PIO_Handler);
/* installiere neuen Handler   */

/* Aufgabe :den in der Interruptroutine
beschriebenen Buffer in einer Pollschleife
auslesen, auf dem Bildschirm ausgeben und
das BufferFull-Flag  zurücksetzen.
Abbrechen und Interruptvektor restaurieren
bei Tastendruck.                      */

do  {
    if ( BufferFull )
/* abfragen ob Buffer voll ist */
    {
      printf("Buffer %2X ",Buffer);
/* dann Zeichen ausgeben ...    */
      BufferFull = FALSE;
/* und Flag zurücksetzen        */
    }
  }
while ( !kbhit() );
/* Abbruch bei Tastendruck          */
```

```
setvect(PIO_INTR,OldIRQ);
/* den alten Handler restaurieren*/
}
```

Die Betriebsart 2 ermöglicht die bidirektionale Datenkommunikation über einen 8 Bit breiten Datenbus. Es werden Handshake-Signale für einen sicheren Datenfluß vom Baustein erzeugt. Das Protokoll ähnelt dem der Betriebsart 1. Außerdem können Interruptsignale für entsprechende Service-Routinen vom Baustein erzeugt werden. Folgende Möglichkeiten stellt die Betriebsart 2 zur Verfügung:

- Benutzt nur die Gruppe A für bidirektionale IO.

- Ein 8-Bit bidirektionaler Bus (Port A) und ein 5-Bit Kontrollbus (Port C).

- Sowohl die Eingänge als auch die Ausgänge sind gepuffert.

- Frei kombinierbar mit den Betriebsarten 0 und 1 der Gruppe B.

Tabelle: Betriebsart 2

PORT A	PC 3	INTR	Interrupt Request (Interrupt-Anfrage). Ein logisch "high" an diesem Ausgang kann die CPU unterbrechen, um sowohl Eingabe- als auch Ausgabeoperationen zuzulassen .
PORT A	PC 6	ACK	Acknowledge (Bereitschaft) Ein logischer "Low" Pegel an diesem Eingang erlaubt dem tri-state Ausgangsbuffer die Daten auf den Bus zu legen. Ein "high" Pegel hält den Ausgabebuffer hochohmig.
PORT A	PC 7	OBF	Output Buffer Full (Ausgabebuffer voll) Das OBF Signal wird "low", um einen Schreibvorgang von der CPU in den Baustein anzuzeigen.
Intern		INTE 1	Internes Register zur INTR-Generierung, wird durch Setzen des Ports PC6 kontrolliert.
PORT A	PC4	STB	Strobe Input Ein "low" Pegel an diesem Eingang lädt Daten in den Eingabebuffer.

PORT A	PC 5	IBF	Input Buffer Full (Eingangsbuffer voll) Ein "high" Pegel an dieseem Ausgang zeigt an, daß Daten in den Eingabebuffer geschrieben worden sind.
Intern		INTE 2	Internes Register, wird durch das setzen von PC4 kontrolliert.
	PC 0,1,2	I/O	Zusätzlich programmierbare I/O Ports.

Funktions-beschreibung

Die Anfrage einer Interrupt-Serviceroutine erfolgt durch die Steuerleitung PC3, INTR. Die Interruptserviceroutine muß nun auswerten, ob ein Byte gesendet oder empfangen wurde. Ein LOW-Signal an \OBF zeigt an, daß die CPU Daten in den Buffer des 8255 geschrieben hat. Ein HIGH-Signal an IBF zeigt an, daß Daten in das Empfangsregister des Bausteins geladen wurden. Je nach Status kann nun das Byte gelesen oder ein neues Datum geschrieben werden.

Über die bidirektionale Kommunikation hinaus, kann die Gruppe B des Bausteins, also Port B und die Bits 0 bis 2 des Portes C, in den Modi 0 oder 1 betrieben werden. Die möglichen Konfigurationen werden aus folgender Abbildung ersichtlich:

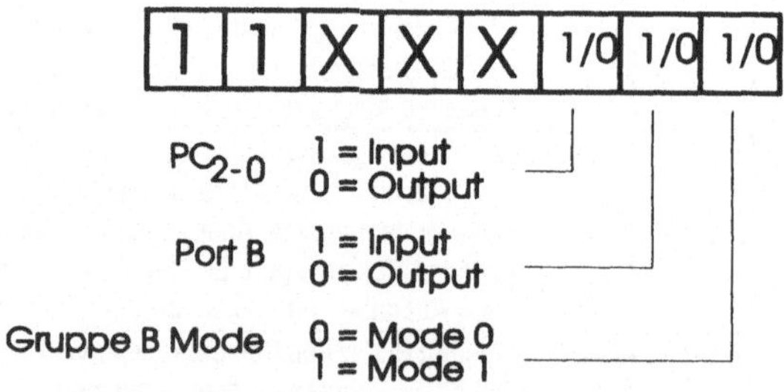

Abb. 2-5: Steuerwort für Betriebsart 2

```
/* Beispiel : Programmiere den 8255 in Mode
2, Gruppe B in Mode 0, wobei Port B als
Ausgang geschaltet ist und Port C2-0 als
```

```
Eingang.
Der Interrupt liegt auf IRQ 5, in der
Interruptroutine soll entweder ein Zeichen
gelesen oder geschrieben werden.

Steuerwort : 11000100 = 0xC4          */

#define IRQ_INT 0x0D
/* Interrupt 5, normalerweise LPT2 */

char SendBuffer;
/* Speicher für Sendeoperationen    */
char RecBuffer;
/* Speicher für Empfangsroutinen    */
boolean Flag;
/* Flag für Interrupt-Handler       */

void interrupt (*oldHandler)();
/* Speicher für alten IRQ-Handler   */

/* Deklaration der neuen Interruptroutine
*/
void interrupt IRQHandler()
{
static char GetByte;
/* statische Variable deklarieren   */
GetByte = inportb( ... );
/* Status der PIO ermitteln         */
/* Wenn Sendebuffer leer, senden    */
if ( !(GetByte & 0x...) )
    outportb(PIO_A,SendBuffer);
/* Wenn Zeichen da ist in Empfangsbuffer
kopieren und Flag setzen  */
if ( (GetByte & 0x...) )
    {
    RecBuffer = inportb(PIO_A);
    Flag = TRUE;
```

```
        }
    }

void main()
{
OldHandler = getvect(IRQ_INT);
/* den alten Int-Vector speichern   */
setvect( IRQ_INT,IRQHandler );
/* neuen IRQ-Handler installieren   */
outportb(PIOCntrl,0xC4);
/* initialisiere PIO-Baustein       */
do {
    if ( Flag == TRUE)
        printf("Zeichen %C \n",
                    RecBuffer);
    /* wenn Zeichen angekommen ist,
        auf ´Bildschirm ausgeben     */
    }
while ( !kbhit());
/*und alles solange bis Tastendruck*/

setvect(IRQ_INT,OldHandler);
/* vor dem Ende Vector rücksetzen   */
}
```

Serielle Kommunikationsbausteine

So ziemlich alle Rechner-gestützte Geräte, die mit der Außenwelt kommunizieren, also z.B. Personalcomputer und Peripheriegeräte, wie Modem, Maus, Drucker oder Prozeßinterface, besitzen ein serielles Interface, welches dem Übertragungsformat nach V.24 gehorcht. Man kann sich daher gut vorstellen, daß gerade die Programmierung solcher Schnittstellen von besonderer Bedeutung ist. Erfreulich ist, daß bei IBM-kompatiblen Rechnern der asynchrone Kommunikationsadapter 8250 und seine Ableger 16450 und 16550 einen Standard gesetzt haben. Im folgenden wird daher die Programmierung serieller Kommunikationsbausteine anhand des Bausteins 8250 beschrieben. Zuvor soll jedoch die serielle Kommunikation allgemein beschrieben werden.

Bei der seriellen Datenübertragung werden die Dateninformationen Bit für Bit über eine Leitung gesendet. Asynchrone Übertragung bedeutet, daß zu den Datenbits keine weiteren Taktinformationen erforderlich sind. Der Empfänger bezieht seine Synchronisationsinformationen aus den Start- und Stopbits, die das Datenwort umrahmen. Jede dieser Bitgruppen läßt sich auch noch mit einem zusätzlichen Paritätsbit sichern. So können einfache Übertragungsfehler vom Empfänger sicher festgestellt werden.

Serielle Datenübertragung

Für einen Datenaustausch zwischen zwei Kommunikationspartnern müssen verschiedene Vereinbarungen getroffen werden, damit sich Sender und Empfänger verstehen. Hiervon sind folgende Parameter betroffen:

- Ruhepegel / logisch 1

- Startpegel / logisch 0
  Bitdauer / 1 Bit

- Stoppegel / logisch 1
  Bitdauer / 1, 1.5, 2 Bit

- Datenbitanzahl / 5, 6, 7, 8, Bits
  Bitpegel / Ruhepegel = 1
  Bitdauer / entsprechend d. Baudrate

- Paritätspegel / kein Pegel
  / logisch 1 ungerade
  / logisch 0 gerade

Des weiteren ist noch auf den Übertragungspegel zu achten, so ist dieser nach RS-232-C +12V für logisch 0 und -12V für logisch 1. Der im folgenden beschriebene Baustein liefert an den Ausgängen +5V (TTL-Pegel) für logisch 1 und 0V (TTL-Pegel) für logisch 0. Die Umsetzung der Spannungen erfolgt in Treiberbausteinen.

**Baustein-
beschreibung
8250**

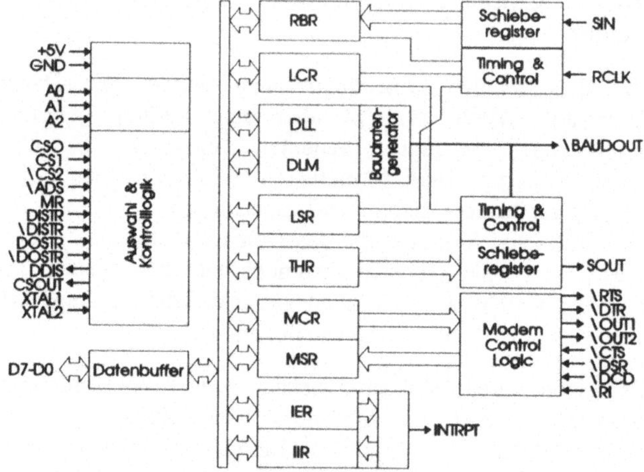

Abb. 2-6: Blockschaltbild 8250

Der 8250 ist ein universeller, asynchroner Sender-/Empfängerbaustein mit integriertem Baudratengenerator. Der Baudratengenerator ist in weiten Bereichen programmierbar. Ein 82C50 der Firma Harris hat zum Beispiel ein Baudratenspektrum von 0 bis 635K Baud. Das Kommunikationselement konvertiert den seriellen Datenstrom aus Start-, Daten-, Stop- und Paritätsbits in das parallele 8-Bit Datenbyte und verschiedenen Steuersignalen

bei einem Empfangszyklus. Genauso werden bei Sende-
zyklen entsprechende Bits generiert und dem Datenbyte bei-
gefügt. Für diesen speziellen Baustein sind Datenbreiten von
5 bis 8 Bit einstellbar und es können 1, 1.5 oder 2 Stopbits
ausgewählt werden. Damit ist eine Kommunikation mit
Geräten bis hin zum antiquarischen Fernschreiber sichergestellt.

Um Daten mit dem 8250 übertragen zu können, ist dieser
zuvor in die gewünschte Betriebsart zu setzen. Hierzu müssen einige von den insgesamt 11 Registern programmiert
werden. Der Baustein unterscheidet zwischen drei Arten von
Registern, dem Kontroll-, Status- und Datenregister.

Die große Menge an Registern schreckt zunächst ab, bei
näherem Hinsehen stellt man jedoch fest, daß fünf Register
genau einmal bei der Initialisierung beschrieben werden
müssen, zwei Register für den Datentransfer und drei
Register zur Abwicklung des Handshakes und der Interrupts.
Die einzelnen Register und ihre Bedeutung sind im Anhang
beschrieben.

**Register des
8250**

Das Datenwort für die Programmierung des Baudraten-
generators ist vom eingesetzten Quarz abhängig. So ist sind
zum Beispiel in den meisten PCs ein 1.8432 MHz Quarze
zur Takterzeugung eingesetzt. Hierfür ergeben sich folgende
Teilerfaktoren :

Tabelle: Teilerfaktoren

**Baudraten
Teilerfaktoren**

Baudrate	Divisor	Low-Byte	High-Byte
300	384	0x80	0x01
600	192	0xC0	0x00
1200	96	0x60	0x00
2400	48	0x30	0x00
4800	24	0x18	0x00
9600	12	0x0C	0x00
19200	6	0x06	0x00
38400	3	0x03	0x00
57600	2	0x02	0x00
115.000	1	0x01	0x00

Nachdem der umfangreiche Registersatz der 8250-Familie beschrieben wurde, wird , anhand der wohl in fast jedem PC vorhandenen Schnittstelle COM1, der serielle Datenaustausch über ein C-Programm erläutert. Wie bisher definieren wir die notwendigen Basisadressen für die jeweiligen Registersätze. Zur Verdeutlichung der Bedeutung werden den Registerkürzeln das Präfix SIO_ vorangestellt:

```
#define SIO_INT4      0x0B
/* Interrupt der SIO COM1 beim PC   */


#define SIO_Adr       0x3F8
/* Adresse der SIO COM1 beim PC     */


#define SIO_RBR       SIO_Adr
#define SIO_THR       SIO_Adr
#define SIO_IER       SIO_Adr+1
#define SIO_IIR       SIO_Adr+2
#define SIO_LCR       SIO_Adr+3
#define SIO_MCR       SIO_Adr+4
#define SIO_LSR       SIO_Adr+5
#define SIO_MSR       SIO_Adr+6
#define SIO_SCR       SIO_Adr+7
#define SIO_DLL       SIO_Adr
#define SIO_DLM       SIO_Adr+1
```

Um die Lesbarkeit des C-Programms zu verbessern, ist es darüber hinaus sinnvoll, einige andere Konstanten zu definieren. Hierzu gehören zum Beispiel Konstanten für die Baudrate oder häufig verwendete Bitmasken. In diesem Beispiel beschränken wir uns auf die Definition des DLAB-Bits, da dieses jedesmal gesetzt werden muß, wenn eine Baudratenumschaltung erfolgen soll.

```
#define DLAB          0x80
```

Die Initialisierung des Bausteins ist eigentlich sehr einfach, wenn man die Bedeutung der einzelnen Bits kennt. Eigentlich muß man nur die Abfolge der Programmierung beachten und die richtigen Datenworte in die richtigen Register schreiben.

```
/* Einstellen der Baudrate              */

outportb(SIO_LCR,DLAB);
/* setze DLAB für Baudrateneingabe */
outportb(SIO_DLL,Low-Byte);
/* setze Low-Byte der Baudrate aus Tabelle
Baudraten-Teilerfaktoren    */
outportb(SIO_DLM,High-Byte);
/* setze High-Byte der Baudrate    */
```

Für die Einstellung der Wortlänge, der Stop- und der Paritätsbits hat sich folgende Vorgehensweise in der Praxis bewährt.

```
#define BIT5      0x00
#define BIT6      0x01
#define BIT7      0x02
#define BIT8      0x03
#define EVEN      0x18
#define ODD       0x08
#define NO        0x00
#define STICK     0x20
#define SBRK      0x40

/* Setze die Übertragungsparameter
8 Bit, Even Parity, Break setzen */

STATUS = ( BIT8 | EVEN | SBRK );
ouportb( SIO_LCR, STATUS );
```

Nun können die Interruptquellen nach dem gleichen Verfahren bestimmt werden. Es ist darauf zu achten, daß zuvor DLAB = 0 gesetzt wurde.

```
#define REC_DATA_INT 0x01
#define TRANSMIT_INT 0x02
#define LINE_INT      0x04
#define MODEM_INT     0x08
```

```
/* setze Interruptquellen, Interrupt bei
leerem Sendebuffer und vollem
Empfangsbuffer                          */

STATUS=(REC_DATA|TRANSMIT_DATA);
ouportb( SIO_IER, STATUS )

/* .. noch die Interrupts im Baustein
zulassen, (jedenfalls im PC) und die
Leitungen RTS und DTR high setzen
00001011 = 0x0B                         */

outportb( SIO_MCR,0x0B )
```

Um die Initialisierungssequenz vollständig an einem IBM-PC durchführen zu können, müssen am Interruptkontroller noch die entsprechenden Kanäle eingerichtet werden. Dieses erfolgt durch einen Schreibzugriff auf die Steuerregister des IBM-kompatiblen PCs.

```
#define IRQMask 0x21

outport(IRQMask,
        (inportb(IRQMask)&0xE7));
```

Nach dem Aufruf dieser wenigen Routinen ist die SIO eines kompatiblen PCs in einem beliebigen Modus betreibbar. Zuvor ist jedoch eine entsprechende Interruptroutine über `setvect()` einzuhängen.

Eine sehr allgemeine, universell verwendbare Version des Interrupthandlers ist im folgenden vorgestellt:

```
void interrupt SIO_Handler()
{
static char State;
static char ERR;

State = inportb(SIO_IIR);
/* auslesen des Interruptstatus     */
switch ( State ) {
```

```c
        case (0) : /* Modeminterrupt */
  ERR = inportb(SIO_MSR);
                ... Reaktion auf ERR ..
                break;
        case (2) : /* freies SHR */
                ... Senderoutine ...
                break;
        case (4) : /* Daten empfangen */
                ... Empfangsroutine ...
                break;
        case (6) : /* Leitungsfehler */
                ERR = inportb(SIO_LSR);
                ... Reaktion auf ERR ..
                break;
     }
outportb(INT_Cntrl,EOI);
/*den Interruptcontroller freigeben*/
}
```

D/A und A/D Wandlerkarten

Wandlerkarten werden in der Prozeßautomatisierung überall dort eingesetzt, wo Meßwandler physikalische Größen in Spannungen oder Ströme umsetzen. Hierbei kann es sich auf der einen Seite um Eingangsgrößen handeln, wie z.B. bei einem Dehn-Meß-Streifen, der Längenänderungen zu proportionalen Wiederstandsänderungen umsetzt oder auch Thermoelemente, die Temperaturen auf Spannungen abbilden. Auf der anderen Seite können es auch Ausgangs-größen sein, wie zum Beispiel Stellmotore, die u.a. Wege oder Winkel proportional zu einer Spannung einstellen. Nun reicht es für einen Digitalrechner nicht aus, wenn physikalische Größen in Spannungswerten vorliegen. Vielmehr ist es notwendig die analogen Größen in ihre digitalen Äquivalente umzuwandeln, um sie mit dem Digitalrechner verarbeiten zu können. Im folgenden werden zunächst die Funktionsprinzipien von A/D- und D/A-Umsetzern skizziert. Ihre Besonderheiten werden in einem weiteren Abschnitt beleuchtet. Die Eigenarten beziehen sich hier mehr auf die regelungstechnischen Probleme, da die Methodik der Bausteinprogrammierung jener der bisher beschriebenen ähnlich ist.

A/D-Umsetzer
Wandlerarten

Am Anfang ist zu bemerken, daß nicht "das" Verfahren zur Umsetzung analoger in digitale Daten existiert. Zu den verbreiteten Verfahren gehören : R/2R-Netzwerk-Umsetzer, Frequenz - Spannungs - Umsetzer, Analog-Digitalumsetzer nach dem Rampen- und dem Doppelrampen-Verfahren, die Methode der sukzessiven Approximation und auch parallele ADCs, sogenannte Flash-Umsetzer. Alle Umsetzungsver-fahren haben für ihre Anwendungsgebiete spezielle Vorteile, entweder durch ihren Preis, durch ihre Geschwindigkeit oder aber auch durch ihre Genauigkeit. Für die Softwareseite ist dieses jedoch vollkommen unerheblich. Auf eine Beschreibung der verschiedenen Wandlerarten wird deshalb verzichtet.

Analoge Daten, wie sie von Sensoren geliefert werden, sind als kontinuierliche Werte anzusehen. Das heißt, jedem Signal $f(t)$ ist, zu jedem Zeitpunkt t_n, ein eindeutiger Wert $f(t_n)$ zuzuweisen.

AD-Umsetzer Funktion

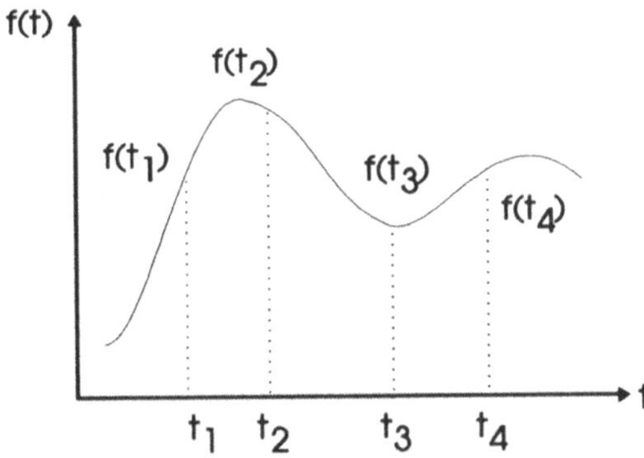

Abb. 2-7: Abtasten kontinuierlicher Signale

Da ein Prozeßrechner nicht ständig die Daten einlesen kann, sondern diese auch verarbeiten muß, wird das Signal zu bestimmten Zeitpunkten vom A/D-Umsetzer abgetastet. Es entsteht ein zeitdiskretes Abbild vom Prozeßgeschehen. Die Häufigkeit, mit der das System abgetastet werden muß, hängt von seiner Dynamik ab. Shanon postulierte, daß Abtastsysteme mindestens mit der doppelten Frequenz ihrer Grenzfrequenz abgetastet werden müssen. Diese reicht jedoch für die Kontrolle realer Systeme nicht aus. Man nimmt üblicherweise eine Abtastrate entsprechend größer oder gleich $10 \times f_{Grenz}$.

Die Abtastung des Systems erfolgt zweistufig. In einem ersten Schritt wird zu einem Zeitpunkt t_1 in einem "Sample and Hold" - Element der Funktionswert $f(t_1)$ eingefroren. Dann erfolgt in einem zweiten Schritt die Quantisierung der Amplitude des Abtastwertes. Hier wird dem Analogwert e eine bestimmte binäre Zahl $q(e)$ zugeordnet.

$f_{Abtast} > 10 f_{Grenz}$

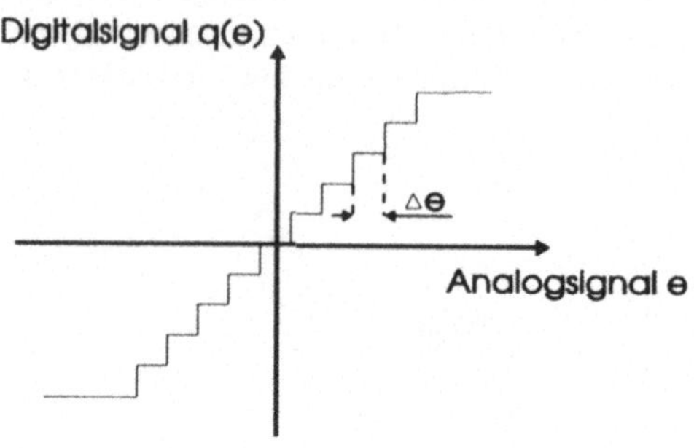

Abb. 2-8: Amplitudenquantisierung bei ADUs

Der Quantisierungsfehler Δe ist abhängig von der Auflösung des eingesetzten Analog-Digital-Umsetzers (ADU). Der ADU sollte so ausgelegt sein, daß die hierdurch entstehenden Fehler vernachlässigt werden können.

Aufgrund des internen Aufbaus eines AD-Umsetzers wird eine bestimmte Zeit für die Quantisierung des Analogsignals benötigt. Diese liegt je nach Umsetzungsverfahren und Auflösung im Bereich von einigen Nanosekunden bis hin zu wenigen Millisekunden. Diese Zeiten liegen zwar deutlich über den von modernen Prozessoren erreichbaren Zykluszeiten, bieten jedoch keine ausreichende Zeit für komplexe Bearbeitungsvorgänge. Aus diesem Grund ist eine spezielle Programmiertechnik erforderlich.

Integrierte A/D-Umsetzer

Die folgende Abbildung zeigt einen typischen, kompletten A/D-Konverter mit Mikroprozessorschnittstelle, wie er in einer Vielzahl von Datenaquisitionssystemen eingesetzt wird.

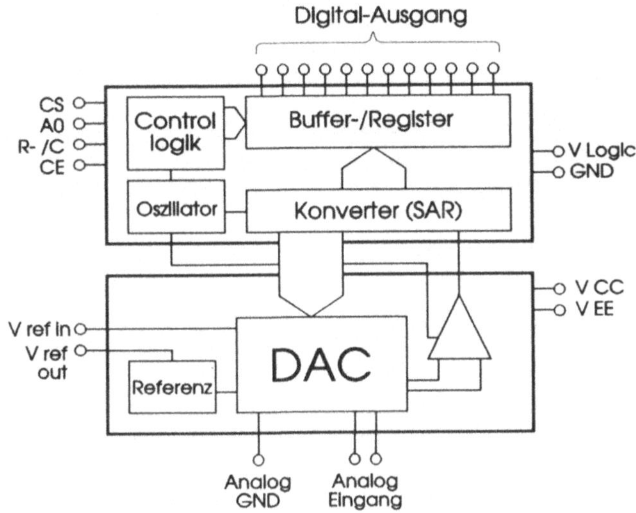

Abb. 2-9: Interner Aufbau eines AD-Umsetzers

Bei AD-Umsetzern nach Abb. 2-10 übernimmt der Baustein selbst die vollständige AD-Umsetzung. Das Ende des Wandelzykluses wird durch einen Ausgang in der Kontrollogik angezeigt. Im in der Abbildung gezeigten Baustein (Harris HI-574A) wird zum Beispiel der Pin R-/C logisch HIGH. Bei Bausteinen anderer Hersteller (z.B. ADC1015x National, SDM 862JH, Burr & Brown) werden spezielle Computer-kompatible Signale (aktiv LOW) erzeugt, mit denen eine Interruptleitung direkt aktiviert werden kann.

Einfache A/D-Umsetzer müssen für die Umsetzung eines jeden Datenbits vom Prozessrechner angestoßen werden. Dieses hat den Nachteil, daß der Rechner erheblich mehr Rechenzeit der Wandelroutine zur Verfügung stellen muß, hingegen sind die oben beschriebenen A/D-Umsetzer für schnelle Interrupt-Tasks geeignet. Dennoch soll die Programmierung einer langsamen A/D-Karte anhand eines praktischen Programmierbeispieles dargestellt werden, da sich solche A/D-Karten für Testzwecke aufgrund ihres niedrigen Preises (12-Bit-Karte ca. 150,00 DM) anbieten.

**Einfache
A/D-Umsetzer**

Zumeist stellen auch preiswerte Karten noch einen Multiplexer zur Verfügung, der es ermöglicht, einen aus mehreren Kanälen zur Datenwandlung auszuwählen.

Die Programmierung entspricht weitestgehend der eines Portbausteines. So kann die weitere Beschreibung kurz gehalten werden.

```
#define     AD_ADR          0x278
/* Basisadresse der AD-Karte           */


#define     AD_CHANAL       AD_ADR
/* Setzen des Analogkanales            */
#define AD_GET_LOW          AD_ADR+1
/*Lese LOW-Byte des Halteregisters */
#define AD_GET_HIGH         AD_ADR+2
/*Lese HIGH_BYTE des Halteregisters*/
#define AD_CLEAR            AD_ADR+3
/* Lösche das Halteregister            */
#define AD_LOOP_HIGH        AD_ADR+4
/* Conversion-Loop High                */
#define AD_LOOP_LOW         AD_ADR+5
/* Conversion-Loop Low                 */

/* Programmiere einen Umsetzzyklus der AD-
Wandlerkarte mit allen erforderlichen
Einstellungen        */

unsigned count = 0;
/* Initialisiere einen Hilfszähler */
unsigned Dummy;
/* Deklariere eine Hilfsvariable   */
unsigned Value;
/* Deklariere Ausgabewert          */

outportb(AD_CHANAL,5);
/* setze den Analogkanal (Kanal 5) */
outportb(AD_CLEAR,0);
/* lösche Halteregister            */
```

```
/* Wandelzyklus für High-Nibbel      */
do { inportb(AD_LOOP_HIGH);
      count++; }
while ( count < 4 );
count = 0;
/* Zähler rücksetzen               */
/* Wandelzyklus für Low-Byte       */
do { inportb(AD_LOOP_LOW);
      count++; }
while ( count < 8 );
Dummy = inportb(AD_GET_HIGH);
/* Auslesen des High-Byte          */
Dummy &= 0x0F;
/* unteres Nibbel maskieren        */
Value = inportb(AD_GET_LOW);
/* Low-Byte auslesen               */
Value += Dummy << 8;
/*zu Value das High-Nibbel addieren*/
```

Datenspeicher - Buffer

Im vorangegangenen Kapitel wurden hardwarenahe Komponenten zur Steuerung von Prozessen beschrieben. In diesem Kapitel werden nun grundlegende Vorgehensweisen zur Speicherung der Daten anhand von Beispielen aufgezeichnet.

Um Daten zwischen unterschiedlichen Programmmodulen auszutauschen, muß festgelegt werden, wie die einzelnen Module miteinander kommunizieren sollen und wie der Speicher optimal genutzt werden kann. Hierfür hat sich in der Praxis ein Datenaustausch über globale Datenbanken und lokale Verwaltungsstrukturen bewährt.

Lokale Daten

Überall dort, wo Daten nur innerhalb einer Funktion benötigt werden, sind lokale Daten von Vorteil. Diese Daten werden innerhalb der Funktionsdefinition deklariert und auf dem Heap abgelegt. Ein Zugriff auf diese Werte durch andere Funktionen ist nicht möglich.

```
void LokalFunktion( void )
{
int LocalNum;
...
}

void main()
{
...
LokalFunktion();
...
}
```

Im Beispiel wird die lokale Variable `LocalNum` beim Aufruf der Funktion `LokalFunktion()` auf dem Heap angelegt. Sie ist für das Hauptprogramm `main()` nicht erreichbar. Außerdem muß die Variable bei jedem Aufruf der Funktion neu initialisiert werden, sie verliert ihren Wert.

Dieses kann verhindert werden, wenn die Variable mit dem Schlüsselwort `static` modifiziert wird. Mit `static` deklarierte Variablen werden im Datensegment gespeichert und behalten ihren Wert zwischen zwei Funktionsaufrufen.

Statische lokale Daten

```
static < Datendefinition >;
static  < Funktionsdefinition >;

/* Beispiel, verändere die vorherige
   lokale Funktion so, daß die Variable
   LocalNum zwischen zwei Funktionsaufrufen
   erhalten bleibt.                        */

void LokalFunktion( void )
{
static int LocalNum;

...

}
```

Werden Daten von mehreren Modulen benötigt, ist es zumeist sinnvoll diese global anzulegen. Globale Daten werden im Datensegment angelegt. Es ist also darauf zu achten, daß ein geeignetes Speichermodell zur Grundlage gelegt wird. Ferner ist es häufig notwendig, Verriegelungsmechanismen zu programmieren, die eine doppelte Deklaration verhindern.

Globale Daten

```
/* Beispiel die Variable GlobalInt soll
   in den Modulen Mod1, Mod2 und MainProg
   verwendet werden ...                   */
```

Datei MYGLOBAL.H :

```
#if !defined ( __MYGLOBAL_H )
#define __MYGLOBAL_H

int GlobalInt;

...

#endif /* __MYGLOBAL_H
```

177

Datei MOD1.C

```
#include "MYGLOBAL.H"
#include "MOD1.H"

...
void Mod1Funk()
{
int LocalInt;
...
LocalInt = GlobalInt;
GlobalInt = 55;
}
```

Datei MOD2.C

```
#include "MYGLOBAL.H"
#include "MOD2.H"

...
void Mod2Funk()
{
int LocalInt;
...
LocalInt = GlobalInt;
}
```

Datei MAINPROG.C :

```
#include "MYGLOBAL.H"
#include "MOD1.H"
#include "MOD2.H"
#include ...

void main()
{
...
```

```
GlobalInt = 10;
Mod1Funk();
Mod2Funk();
}
```

Nach dem Durchlaufen der `main()`-Funktion des Haupt-
moduls hat die Variable `LocalInt` des Moduls `MOD1`
den Wert 10 und die des Moduls `MOD2` den Wert 55.

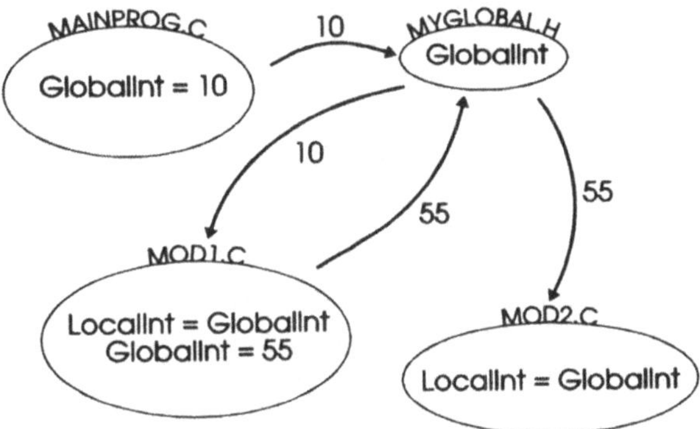

Abb. 2-10: Kommunikation zwischen Module

Wie man sieht, können unterschiedliche Module durch
globale Daten miteinander kommunizieren. Achtung, der
Programmierer muß gewährleisten, daß er wichtige Daten
nicht zerstört und ggf. eine Verriegelung vorsehen !

Das waren allgemeine Hinweise bezüglich lokaler und
globaler Daten. Die weiteren Unterpunkte beschäftigen sich
mit unterschiedlichen Formen von Datenspeichern, da es im
allgemeinen gewünscht ist, komplexere Daten als lediglich
eine Zahl *lokal* oder auch *global* einzuführen.

Stack

Unter einem Datenstack versteht man einen Datenbehälter, in dem Daten lediglich oben aufgelegt werden können und auch immer nur das oberste Element wieder entnommen werden kann. Es ist daher keine Verwaltung der Daten z.B. über Adressen erforderlich.

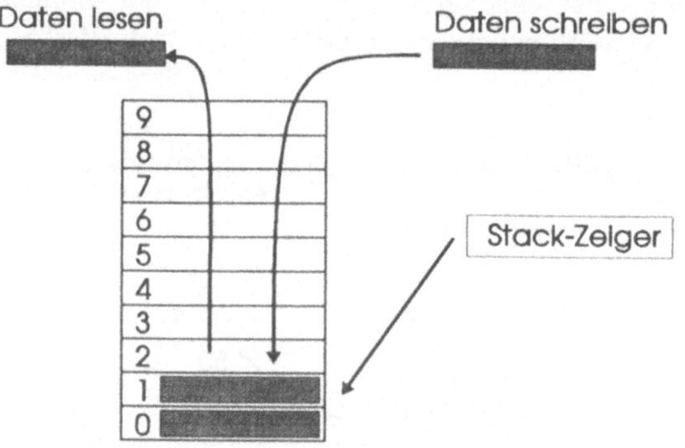

Abb. 2-11: Daten-Stapelspeicher (Stack)

Als Verwaltungseinheit wird ein Stack-Zeiger benötigt, der den Füllungsgrad des Stapelspeichers anzeigt und gleichzeitig als Lese- und Schreibzeiger dient.

Wie in Abb. 2-12 soll nun ein Stack mit 10 Elementen erzeugt werden, wobei der Einfachheit halber die Elemente vom Typ int sind. Der Stapelzeiger, wie auch der Stapelspeicher, werden global deklariert. Um eine übersichtliche Verwaltung des Speichers zu ermöglichen, werden Zeiger und Datenspeicher in einer Struktur zusammengefaßt. Die Funktion WriteStack() beschreibt den Speicher, die Funktion ReadStack() ließt ihn aus.

```
/* Maximale Buffertiefe festlegen   */
#define MAXBUFF 10
/* deklaration der Struktur         */
```

```c
typedef struct {
        int Buffer[MAXBUFF];
        int Ptr;
        } StackStruct;

/* initialisiere meinen Stack          */
StackStruct MYStack =
{{0,0,0,0,0,0,0,0,0,0},0};

void WriteStack(int Wert)
{
/* Wenn der Buffer nicht voll ist,Wert
zuweisen und Zeiger hochzählen...      */
if (MYStack->Ptr < MAXBUFF)
    {
    MYStack->Buffer[MYStack->Ptr++] =
    Wert;
    }
}

int ReadStack( )
{
/* Hilfsvariable lokal anlegen und
initialisieren                         */
int dummy = 0;
/* Wenn ein Element auf dem Stack liegt,
Ptr dekrementieren und Buffer auslesen  */
if ( MYStack->Ptr > 0 )
    {
     dummy = MYStack->Buffer
                    [--MYStack->Ptr];
    }
/* Gelesenen Wert oder 0 zurück         */
return dummy;
}
```

```c
void main ()
{
int Wert;
...
WriteStack(10);
WriteStack(5);
...
Wert = ReadStack(); /* Wert = 5         */
WriteStack(20);
...
Wert=ReadStack();      /* Wert = 20      */
Wert=ReadStack();      /* Wert = 10      */
Wert=ReadStack();      /* Wert = 0       */
...
}
```

Wie man sieht, lassen sich so sehr einfach Datenstrukturen erstellen, die es ermöglichen, jeweils auf das letzte Ereignis zu reagieren. Will man jedoch sequentiell Ereignisse abarbeiten, so greift man auf andere Datenbehälter zurück, z.B. auf FIFOs.

FIFO

Der FIFO-Datenbuffer (First-In-First-Out) ist ein Durchreiche-Speicher. Die zuerst geschriebenen Daten werden auch zuerst gelesen.

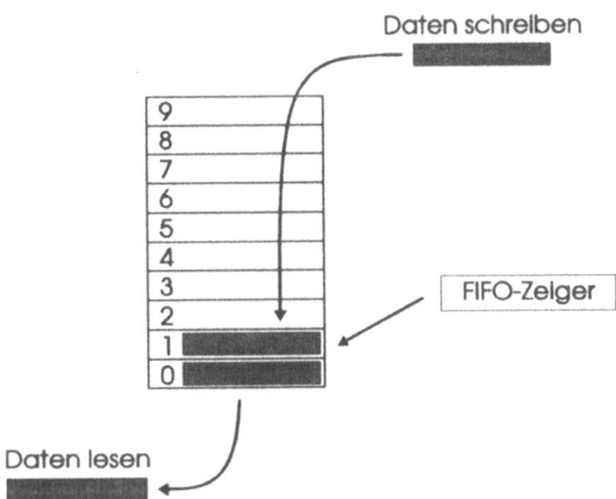

Abb. 2-12: Daten FIFO-Speicher

Zur Verwaltung der Speicherstruktur benötigt man, wie bei
dem Stack, nur einen Zeiger. Gelesen werden die Daten
immer von der Position 0. Analog zu dem Beispielprogramm
des Stacks soll hier ein vergleichbares Beispiel dienen.

```
/* Maximale Buffertiefe festlegen      */
#define MAXBUFF 10
/* deklaration der Struktur             */
typedef struct {
        int Buffer[MAXBUFF];
        int Ptr;
        } FIFOStruct;

/* initialisiere meinen Stack           */
FIFOStruct MYfifo =
{{0,0,0,0,0,0,0,0,0,0},0};

void WriteFifo(int Wert)
{
/* Wenn der Buffer nicht voll ist,Wert
```

```
zuweisen und Zeiger hochzählen...        */
if (MYFifo->Ptr < MAXBUFF)
    {
    MYFifo->Buffer[MYFifo->Ptr++] =
    Wert;
    }
}

int ReadFifo( )
{
int Dummy;
/* Wenn mindestens ein Element in der
   Fifo ist Buffer auslesen ...          */
if ( MYFifo->Ptr > 0 )
   {
    /* Fifo auslesen ...                 */
   Dummy = MYFifo->Buffer[0];
   /* nun alle Elemente ein Platz
      weiter rücken ...                  */
   int Merker = 0;
   do {
       MYFifo->Buffer[Merker] =
       MYFifo->Buffer[Merker+1];
      Merker++
       }
   while ( Merker < MYFifo->Ptr );
   MYFifo->Ptr--;
   return Dummy;
   }
/* Wenn Fifo leer war -1 zurückgeben     */
else return -1;
}

void main ()
{
int Wert;
...
```

```
WriteFifo(10);
WriteFifo(5);

...

Wert = ReadFifo();              /* Wert = 10   */
WriteFifo(20);

...

Wert=ReadFifo();                /* Wert = 5    */
Wert=ReadFifo();                /* Wert = 20   */
Wert=ReadFifo();                /* Wert = -1   */

...

}
```

Da nach jedem Lesevorgang alle Speicherelemente in die
vorangestellte Speicherzelle kopiert werden müssen, entsteht
durch diese Art von Speicheranordnung ein recht hoher
Verwaltungsaufwand. Bei günstigen Datenelementen, wie
zum Beispiel bei Zeigerarrays, kann dieser Nachteil durch
Blockoperationen kompensiert werden. Wie bei allen
Anordnungen, in denen von mehreren Stellen gelesen
und/oder geschrieben wird, ist auf die Datenkonsistenz
besonders zu achten.

Eine sehr leistungsfähige und sichere Speicherstruktur ist der
Ringbuffer. Bei dieser Struktur hat man den Vorteil des
Stapelspeichers, - es ist kein Umkopieren der Dateneinträge
erforderlich -, mit der FIFO-Zugriffsweise in einer idealen
Form kombiniert. Dieser Vorteil wird jedoch durch eine
zusätzliche Verwaltungseinheit, dem Lese-Zeiger, erkauft.

Ringbuffer

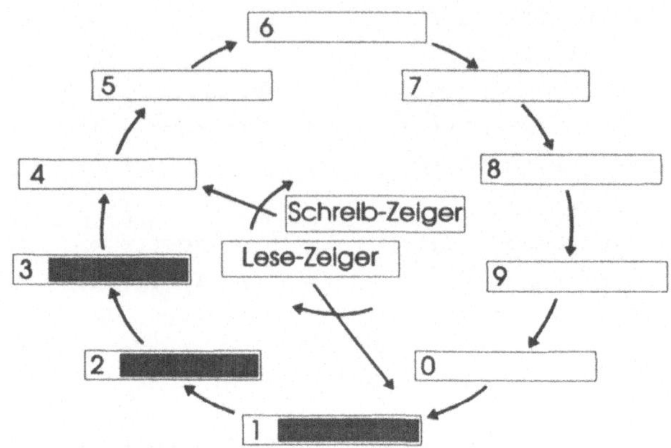

Abb. 2-13: Lesen und Schreiben im Ringbuffer

Beim Start sind alle Zeiger auf das O-Element gesetzt. Gelesen wird nur, wenn der Schreibe-Zeiger ungleich dem Lese-Zeiger ist. Wird nun von einem schreibenden Modul der Schreibzeiger um eine Position weiter gesetzt, kann das lesende Modul aufgrund der Zeigerdifferenz feststellen, daß es lesen kann. Nach einem Lesevorgang wird auch der Lesezeiger inkrementiert. Wenn darauf geachtet wird, daß die Zeiger nicht höher zählen können, als Speicher für die Datenelemente reserviert worden ist, kann bei dieser Speicherstruktur keine Bereichsüberschreitung auftreten. Dieses kann z.B. durch eine einfache Modulo-Operation erreicht werden. Selbst wenn Daten sehr viel schneller geschrieben als gelesen werden, können im Extremfall Daten verloren gehen. Die gelesenen Wert sind jedoch immer aktuell. Bei den zuvor beschriebenen Verfahren hingegen gehen die neuen Daten solange verloren, bis das Lesemodul mit dem Lesen nachkommt.

Um die Ähnlichkeit der einzelnen Datenspeicher aufzuzeigen, wird das Beispiel nun auf eine Ringbufferstruktur übertragen :

```c
/* Maximale Buffertiefe festlegen        */
#define MAXBUFF 10
/* deklaration der Struktur              */
typedef struct {
        int Buffer[MAXBUFF];
        int SchreibPtr;
        int LesePtr;
        } RingStruct;

/* initialisiere meinen Stack            */
RingStruct MYRing =
{{0,0,0,0,0,0,0,0,0,0},0,0};

void WriteRing(int Wert)
{
/* Wert zuweisen,Zeiger weitersetzen     */
MYRing->Buffer[MYRing->SchreibPtr++] =
  Wert;
/* Sicherstellen das Schreib-Zeiger nicht
größer als MAXBUFF wird                  */
MYRing->SchreibPtr %= MAXBUFF;
}

int ReadRing( )
{
/* Hilfsvariable lokal anlegen und
initialisieren ...                       */
int dummy = -1;
/* Schreib- und Lesezeiger unterschiedlich
sind Buffer auslesen...                  */
if ( MYRing->LesePtr !=
    MYRing->SchreibPtr )
  {
   dummy = MYRing->Buffer
          [MYRing->LesePtr++];
    /* Sicherstellen,daß Zeiger nicht
        größer als MAXBUFF wird ...      */
```

```
            MYRing->LesePtr %= MAXBUFF;
          }
/* Gelesenen Wert oder 0 zurück          */
return dummy;
}

void main ()
{
int Wert;
...
WriteRing(10);
WriteRing(5);
...
Wert = ReadRing();      /* Wert = 10  */
WriteRing(20);
...
Wert=ReadRing();        /* Wert = 5   */
Wert=ReadRing();        /* Wert = 20  */
Wert=ReadRing();        /* Wert = -1  */
...
}
```

Direkte Speicherzugriffe

Eine andere, sehr effektive Möglichkeit Datenbereiche zu bearbeiten, besteht im direkten Speichern, Vergleichen, Kopieren und Überschreiben von physikalischen Speicherstellen. Hierzu werden von der Sprache C sehr leistungsfähige Sprachelemente zur Verfügung gestellt.

memccpy()

Speicher vergleichen und kopieren. Einzelne Bytes werden von der Quelle QUE zur Senke SEN kopiert. Der Kopiervorgang endet, wenn n Bytes kopiert wurden oder das erste Byte mit dem Wert c kopiert wurde.

```
void *memccpy( void *SEN,
              const void *QUE,
              int c, size_t n);
```

Die Funktion liefert den Funktionswert NULL, wenn n Elemente kopiert wurden und der Wert c nicht gefunden wurde. Ansonsten wird ein Zeiger auf das nächste Element zurückgegeben.

Suche Zeichen (Charakter). Durchsucht die ersten n Bytes eines Speicherbereichs QUE nach dem Zeichen c. Der Suchvorgang endet nach n Bytes oder nachdem das Zeichen gefunden wurde.

```
void *memchr( void *QUE,
              int c, size_t n);
```

Bei erfolgreicher Suche wird als Funktionsergebnis ein Zeiger auf die erste Fundstelle von c zurückgegeben. Ansonsten enthält das Ergebnis den NULL-Vektor.

memchr()

Speicher vergleichen. Die ersten n Bytes der Speicherbereiche QUE_1 und QUE_2 werden verglichen.

```
void *memcmp( const void *QUE_1,
              const void *QUE_2,
              size_t n);
```

memcmp()

Der Vergleich wird bei dem ersten Unterschied der beiden Speicherbereiche abgebrochen. Als Ergebnis wird ein Integerwert zurückgegeben.

Tabelle: Rückgabewerte der Funktion memcmp()

< 0	QUE_1 ist kleiner als QUE_2
= 0	QUE_1 ist gleich QUE_2
> 0	QUE_1 ist größer als QUE_2

Speicher kopieren. Es werden n Bytes von der Quelle QUE zur Senke SEN kopiert. Hierbei dürfen sich die Speicherbereiche der Quelle und der Senke nicht überschneiden.

memcpy()

```
void *memcpy( void *SEN,
              const void *QUE,
              size_t n);
```

Als Ergebnis wird die Adresse der Senke zurückgegeben.

memmove()

Speicher kopieren, Funktion wie `memcpy()`. Es werden n Bytes von der Quelle QUE zur Senke SEN kopiert. Jedoch dürfen sich die Speicherbereiche von Quelle und Senke überschneiden.

```
void *memmove( void *SEN,
               const void *QUE,
               size_t n);
```

Als Ergebnis wird die Adresse der Senke zurückgegeben.

memset()

Speicher setzen. Es werden die ersten n Bytes des Speicherbereichs QUE mit dem Wert c überschrieben.

```
void *memset( void *QUE,
              int c, size_t n);
```

Die Funktion gibt den Zeiger auf die Quelle als Funktionsergebnis zurück.

Alle beschriebenen Funktionen sind sowohl auf UNIX-System V, als auch auf ANSI-C-Systemen verfügbar.

Mit diesen Funktionen soll nun das "FIFO-Problem", Nachrücken weiterer FIFO-Werte, verbessert werden. Bisher wurden die Listenelemente in einer `do-while()`-Schleife umkopiert.

```
int ReadFifo( )
{
...
do {
    MYFifo->Buffer[Merker] =
    MYFifo->Buffer[Merker+1];
    Merker++
}
    while ( Merker < MYFifo->Ptr );
...
```

Man sieht deutlich, daß hier ein Kopiervorgang der Speichereinträge von `MYFifo->Buffer[n]` auf

`MYFifo->Buffer[n-1]` erfolgt. Da ein Kopieren bei sich überschneidenden Speicherbereichen notwendig ist, kann nur die Funktion `memmove()` den gewünschten Erfolg haben:

```
/* Achtung mem??-Operationen funktionieren
nur mit Byte-Werten. Deshalb definieren
wir die Strukturen neu und machen daraus
ein schönes Beispiel                    */

/* Maximale Buffertiefe festlegen        */
#define MAXBUFF 10
/* deklaration der Struktur              */
typedef struct {
        unsigned char Buffer[MAXBUFF];
        int Ptr;
        } FIFOStruct;

FIFOStruct MYfifo

void WriteFifo(int Wert)
{
/* Wenn der Buffer nicht voll ist,Wert
   zuweisen und Zeiger hochzählen...     */
if (MYFifo->Ptr < MAXBUFF)
   {
   MYFifo->Buffer[MYFifo->Ptr++] =
   Wert;
   }
}

int ReadFifo( )
{
/* Wenn mindestens ein Element in der
   Fifo ist Buffer auslesen ...          */
if ( MYFifo->Ptr > 0 )
   {
    memmove( MYFifo.Buffer,
```

```
                    &MYFifo.Buffer[1],
                    --MYFifo.Ptr );
            /* Block kopieren um ein Element
               weniger als der Ptr anzeigt,
               deshalb zuerst dekrementieren,
               dann steht der Zeiger automa-
               tisch richtig ...                    */
        return 0;
            }
    return -1;
    }



void main ()
{
unsigned char Wert;
...
memset(MYFifo.Buffer,0x00,MAXBUFF);
/* Buffer initialisieren mit mem-Fkt      */
MYFifo->Ptr = 0;
/* Zeiger initialisieren ...              */
WriteFifo(10);
WriteFifo(5);
...
Wert = ReadFifo(); /* Wert = 10           */
WriteFifo(20);
...
Wert=ReadFifo();        /* Wert = 5        */
Wert=ReadFifo();        /* Wert = 20       */
Wert=ReadFifo();        /* Wert = -1       */
...
}
```

Je nach Rechnersystem und Compilermodell wird die
Speicherverwaltung unterschiedlich behandelt. Für die
systemnahe Programmierung sind deshalb die Möglichkeiten

des Compilers und des Computers zu berücksichtigen. Als Beispiel soll hier der Borland C-Compiler mit einem MS-DOS-Rechner dienen. In dem Abschnitt "Lesen und Schreiben von Speicherzellen" wurden schon die Grundlagen für das Bearbeiten von Speicherzellen eines IBM-kompatiblen PCs im Real-Mode beschrieben. Nachdem die Grundfunktionen von Borland-C für Blockoperationen beschrieben sind, werden in einem Beispiel die Funktionen angewendet.

In den kleinen Speichermodellen (Tiny, Small, Medium) wird mit Datenmodellen gearbeitet, die near-Zeiger verwenden. Um aber auch auf den Videospeicher zugreifen zu können sind `far`-Zeiger erforderlich. Borland-C stellt hierfür die folgenden Funktionen zur Verfügung.

Make Far Pointer. `MK_FP` ist ein Makro, das einen Far-Zeiger mit dem Segment `Seg` und dem Offset `Ofs` erzeugt.

MK_FP

```
void far *MK_FP ( unsigned Seg,
                  unsigned Ofs );
```

In ANSI-C ist dieses Problem ebenfalls zu lösen, indem man den Zeiger explizit als `far` deklariert und der gewünschten Adresse zuweist. Hierbei muß man in MS-Dos-Systemen selbst für die Berechnung von Offset und Segment sorgen.

```
char far *VideoPtr = 0xA000000L;
```

Mit dem Borland-C Makro ist die Zuweisung etwas anders:

```
char far *VideoPtr = MK_FP(0xA000,0);
```

Far-Pointer-Segment. `FP_SEG` ist ein Makro und liefert das Segment des far-Zeigers `Ptr`.

FP_SEG

```
unsigned FP_SEG ( void far *Ptr);
```

FP_OFF

Far-Pointer-Offset. FP_OFF ist ein Makro und liefert den Offset des far-Zeigers Ptr.

```
unsigned FP_OFF ( void far *Ptr);
```

segread()

Segmentregister lesen. Die Funktion segread() liest die momentanen Werte der Segmentregister aus und speichert diese in eine Struktur des Datentyps SREGS.

```
struct SREGS
       {
        unsigned es; /* Extrasegment    */
        unsigned cs; /* Codesegment     */
        unsigned ss; /* Stacksegment    */
        unsigned ds; /* Datensegment    */
       };
    void segread( struct SREGS *SegPtr);
```

movedata()

Kopiere Daten. Es werden n Bytes Daten von der Speicherstelle mit dem Segment QueSeg und dem Offset QueOff auf die Speicherstelle mit dem Segment SenSeg und dem Offset SenOff kopiert.

```
void movedata( unsigned QueSeg,
               unsigned QueOff,
               unsigned SenSeg,
               unsigned SenOff,
               size_t  n);
```

In ANSI-C erfüllt die Funktion memmove() den gleichen Zweck, wenn die übergebenen Adressen eindeutig als far deklariert sind.

```
char far *StartAdr = 0xA000000L;
char far *ZielAdr  = 0xA000F00L;

movemem(ZielAdr,StartAdr,100);
```

```
/* Analoges Beispiel Borland C          */

#define StartSeg     0xA000;
#define StartOfs     0x0000;
#define ZielOfs 0x0F00;

movedata(StartSeg,StartOfs,
         StartSeg,ZielOfs,100);
```

Datenstrukturen

Bisher wurden in den Beispielen zum größten Teil einfachste Datenstrukturen benutzt und zwar die in C bekannten Datentypen `unsigned`, `int`, `char` oder `unsigned char`. Für die praktische Programmierung macht es jedoch häufig Sinn, eine Datengruppe als einen Datentypen zu deklarieren. Als Beispiel kann man sich eine Adressdatenbank vorstellen. Hier ist es nicht nur interessant, einen Namen oder einen Nachnamen zu speichern, sondern meistens will man auch die Anschrift, die Telefonnummer und den Geburtstag. In den folgenden Unterpunkten werden nun Beispiele für die wichtigsten Datenstrukturen gegeben.

Zeiger

Die Sprache C lebt von Zeigern. Es ist kaum ein C-Programm vorzustellen, in dem nicht die typischen Zeigeroperatoren, wie `.`, `->` , `*` oder `&` vorkommen. Diese wurden im Kapitel "Zeigerverarbeitung" hinlänglich beschrieben.

struct

Verbundtypen, also Gruppen von Elementen, werden in C durch das Schlüsselwort `struct` bekannt gemacht. Eine `struct`-Definition faßt mehrere Felder unterschiedlicher Typen unter einem gemeinsamen Typ-Bezeichner zusammen.

struct Prototyp

```
struct [< Name der Struktur >]
        {[<Typ> <Feldname>];
         [<Typ> <Feldname>];
         ...
        } [<Struktur-Variablen>]
```

Für das Beispiel der Adressdatenbank könnte folgende Strukturdeklaration sinnvoll sein:

```
struct AdressEintrag
        {  unsigned Nummer;
           char *Name;
           char *Vorname;
           char *Straße;
           char *PLZ;
```

```
        char *Ort;
        char *Land;
        char *Geburtstag;
    };
```

Anhand dieses Beispiels sieht man, daß die Felder der Struktur auf Zeiger referenzieren. Das ist immer dann notwendig, wenn die Einträge der Felder unterschiedlich groß sind, also fast immer bei Texteinträgen. Es reicht nicht aus, nur den Speicher für die Struktur anzufordern, sondern es ist viel mehr notwendig, zusätzlich Speicher für die Felder zu allozieren.

Zur Vertiefung noch einmal :

Durch ein `malloc()` auf die Struktur, wird nur der Speicher für die Zeiger der Strukturelemente reserviert und nicht für deren Inhalte. Der Speicher für die Datenelemente muß gesondert reserviert werden und zwar nachdem die Struktur angemeldet wurde !

```
/* Anmelden der Strukturen als
   Strukturen                      */
  AdressEintrag Adr_1, Adr_2, Adr_3;

void main ()
{
...
}
```

Graphisch stellt sich die Situation wie folgt:

```
AdressEintrag Adr_1,Adr_2,Adr_3;
```

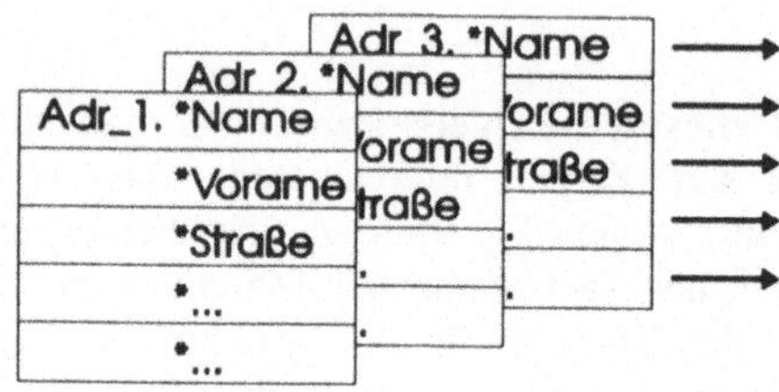

Abb. 2-14: Speicherabbild einer Struktur 1

Sämtliche Zeiger werden im Datensegment angelegt. Die Zeiger auf die Strukturelemente zeigen auf einen undefinierten Speicherbereich.

Sind dynamische Listen erforderlich, wünscht man sich häufig Zeiger auf die Adresseinträge.

```c
/* Anmelden der Strukturen als
   Zeiger                        */
AdressEintrag *Adr_1, *Adr_2, *Adr_3;

void main ()
{
...
Adr_1=(AdressEintrag*)malloc
        (sizeof(AdressEintrag));
Adr_2=(AdressEintrag*)malloc
        (sizeof(AdressEintrag));
...
}
```

In einer graphischen Darstellung kann man diesen Vorgang wie folgt darstellen :

AdressEintrag *Adr_1,*Adr_2,*Adr_3;

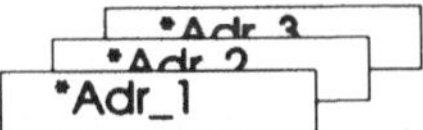

Adr_1 = (AdressEintrag*) malloc (sizeof(AdressEintrag));

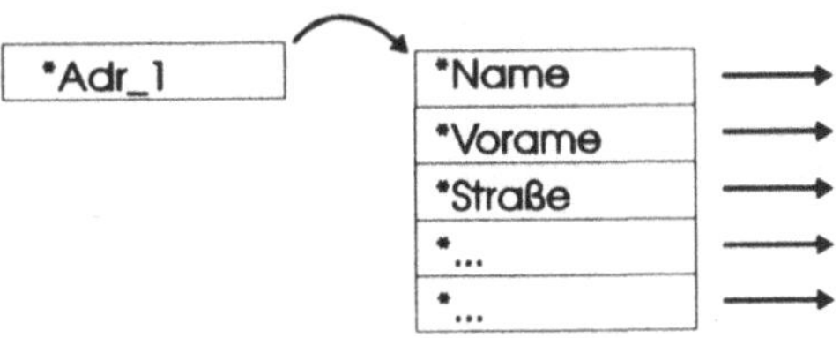

Abb. 2-15: Speicher einer Struktur 2

Wie man sieht, verweisen die Zeiger der Elemente auch hier ins Nichts. Eine Zuweisung, z.B. eines Namens, würde zu einem Absturz führen. Für die Elemente muß also auch Speicher reserviert werden.

Adr_1 = (AdressEintrag*) malloc (sizeof(AdressEintrag));

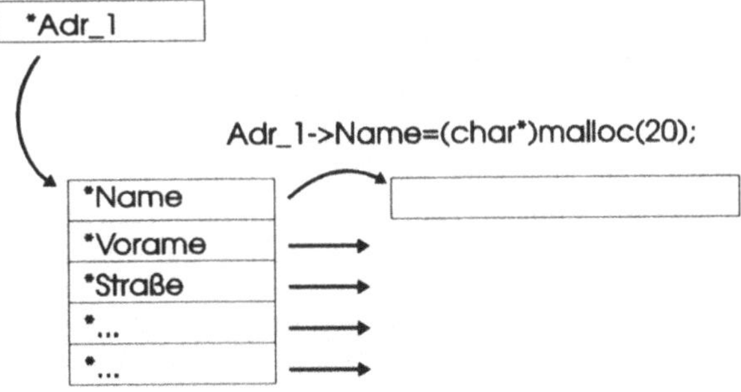

Abb. 2-16: Zuweisen von Strukturelementen

In der Abbildung 2-17 wird Speicher für 20 Bytes reserviert. In einem Programm ist es jedoch häufig notwendig, den Speicher abhängig von der wirklichen Datenlänge zu reservieren. Hierzu werden im Allgemeinen in den Einleseroutinen große Einlesebuffer benutzt. Erst beim Umkopieren der Daten in die Tabelle wird dann mit der echten Wortlänge gearbeitet.

```c
char Buffer[80]; /* Einlesebuffer */

void main()
{
...
scanf("%s",Buffer};
/* Lesen des Strings von der Konsole     */

Adr_1->Name = (char*)malloc
                     (sizeof(Buffer));
/* Speicher in der Struktur reser
   vieren über die Länge von Buffer       */

strcpy(Adr_1->Name,Buffer);
/* Kopieren des Buffers                   */
...
}
```

Listen

Bis jetzt wurden nur die drei Adresseinträge `Adr_1`, `Adr_2` und `Adr_3` behandelt. Natürlich möchte man sich nicht von Beginn an auf eine bestimmte Anzahl von Datensätzen beschränken. Hier kann die Sprache C ihre größten Stärken ausspielen. Durch die Zeigerstruktur können Listen beliebiger Größe problemlos erzeugt und verwaltet werden.

Um die Listen nicht zu komplex werden zu lassen, beschränkt man sich auf einfache Strukturen.

Einfach verkettete Liste

Eine einfach verkettete Liste kann in Datenbanken mit kleineren Datensätzen verwendet werden. Als Prototypen deklariert man den Datensatz mit einem zusätzlichen Zeiger

auf das nächste Element der Liste. In diesem Beispiel besteht
der Datensatz aus einem einzigen Namenseintrag :

```
typedef struct
        {
            char *Name;
            void *next;
        } item ;
```

Als nächstes benötigt man eine Funktion, die Speicher für die
Struktur reserviert und den gewünschten String einträgt. Per
Konvention zeigt das letzte Element auf NULL. Hierdurch ist
eine eindeutige "Liste-ist-zuende"-Kennung möglich.

```
void* new_item( char *Text )
{
item *iPtr = (item*) malloc
                      (sizeof(item));
iPtr->Name = (char*) malloc
                      (strlen(Text)+1);
strcpy(iPtr->Name,Text);
iPtr->next = NULL;
return iPtr;
}
```

Jetzt können beliebig lange Listen durch das Anhängen neuer
Elemente erzeugt werden.

```
void main()
{
item *Ptr;
...
Ptr = new_item("Hallo");
Ptr->next = new_item("Klaus");
Ptr = Ptr->next;
Ptr->next = new_item("Müller");
...
}
```

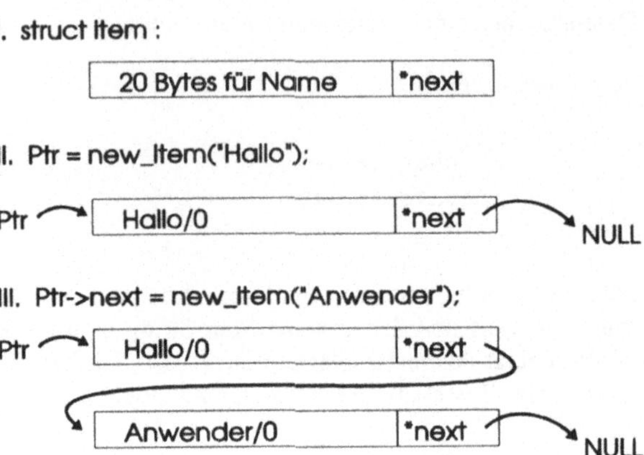

Abb. 2-17: Anhängen von Listenelementen

Es reicht jedoch nicht aus, Listenelemente nur anzuhängen. Nameslisten sollen beispielsweise alphabetisch geordnet werden und Adresseinträge nach ihrer Postleitzahl. Daher müssen die Listeneinträge in ihrer Reihenfolge verändert werden können. Bei der einfach verketteten Liste beschränkt man sich auf das Merken des Listenanfangs, dem Anker.

Anker für Listen

Ein weiterer Zeiger, in dem Beispiel mit `Ptr` bezeichnet, dient als Arbeitszeiger. Dieser wird bei sämtlichen Operationen bewegt. Der Anker ist stets als starr anzusehen.

I. Anker = Ptr = new_item("Hallo");

II. Ptr->next = new_item("Anwender");

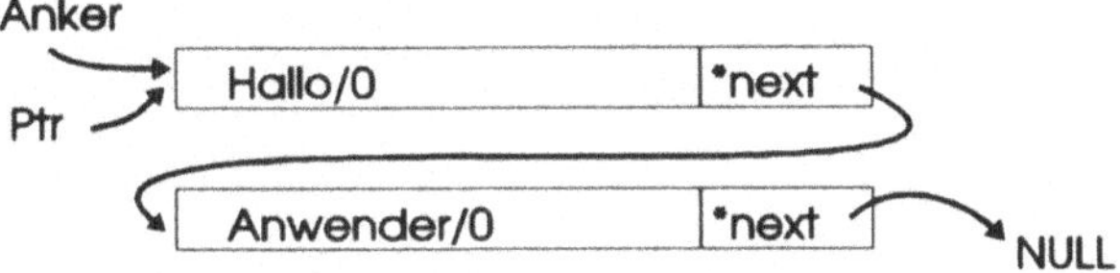

III. Ptr = Ptr->next;

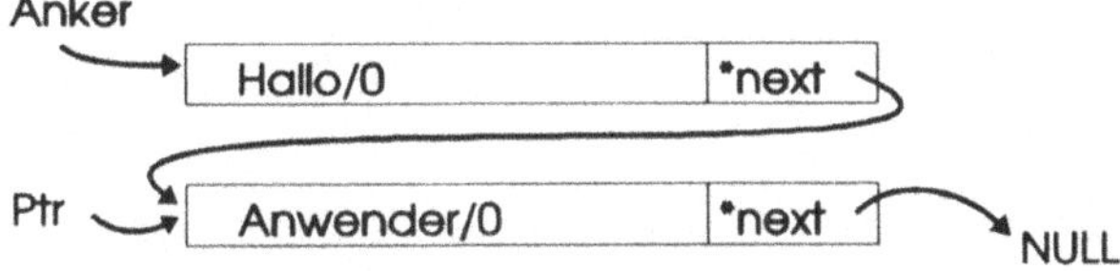

Abb. 2-18: Anker-Zeiger einer Liste

```
void main()
{
item *Anker;
item *Ptr;
...
Anker = Ptr = new_item("Start");
...
}
```

Im folgenden wird nun eine typische Sequenz zum Vergleichen eines Teststrings mit einem Listeneintrag vorgestellt.

```
...
/* Start der Liste                */
Ptr = Anker;

do {
   if (!strcmp(Ptr->Name,"Test"))
         { ...
            /* Funktionalität bei
               Gleichheit ...        */
         }
   else { ...
            /*sonstige Funktionalität*/
         }
   Ptr=Ptr->next; /*nächste Element*/
   }
while (Ptr!=NULL); /*bis Listenende*/
...
```

Einfügen von Listenelementen

Eine wichtige Funktion ist das Einfügen von Listenelementen. Hierdurch wird erst eine sinnvolle Verwaltung der Liste möglich, da Elemente an beliebigen Stellen eingefügt werden können.

```
void insert_item(item *newItem,
                 item *predItem)
{
newItem->next  = predItem->next;
predItem->next = newItem;
}
```

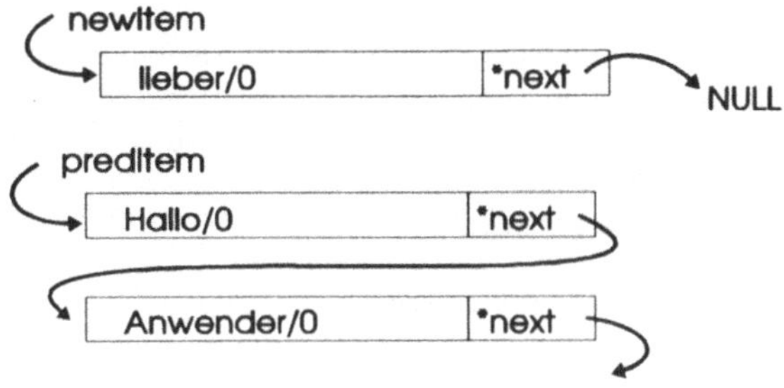

Insert_Item(Item *newItem, Item *predItem);

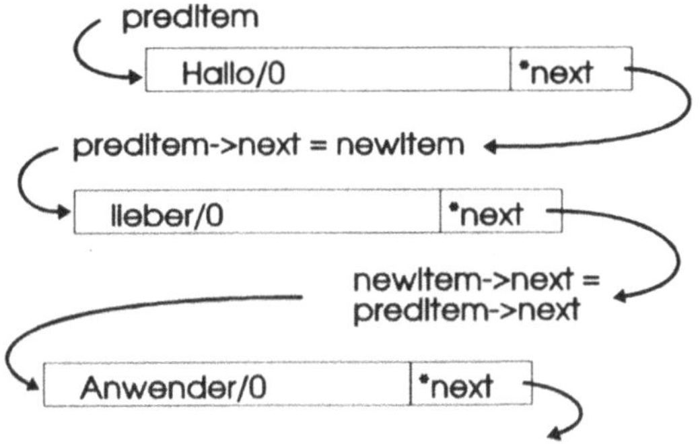

Abb. 2-19: Einfügen von Listenelementen

Wichtig ist an dieser Stelle, daß zuerst der Folgezeiger von `newItem->next` mit der Adresse von `predItem->next` besetzt und danach der Folgezeiger von `predItem` auf die Adresse von `newItem` gesetzt wird. Wird diese Reihenfolge nicht eingehalten, kann die Adresse des folgenden Listenelementes verloren gehen !

Löschen von Listenelementen

Eine weitere Grundoperation bei der Bearbeitung von Listen besteht aus dem Löschen von Listeneinträgen. Hier ist beim Umketten der Folgezeiger darauf zu achten, daß der Speicher für den Inhalt des zu löschenden Listenelementes und für die Struktur freigegeben wird !

```
/* Löschen des Folgeelementes von
   predItem und Speicher freigeben */

void delete_item(    item *predItem
                     item *delItem )
{
predItem->next  = delItem->next;
free(delItem->name);
/* Speicher von name freigeben       */
free(delItem);
/*  Speicher für die Struktur
    freigeben                         */
}
```

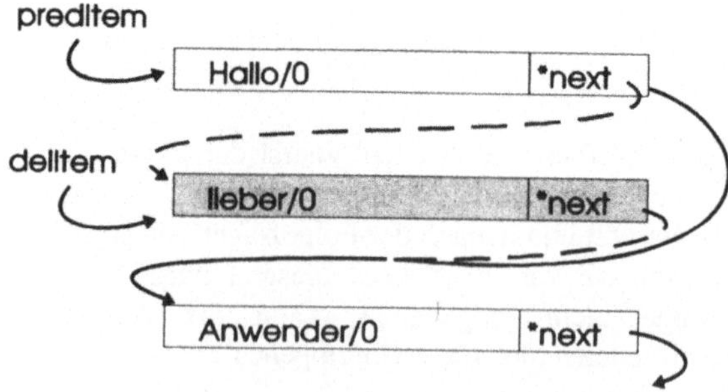

Abb. 2-20: Löschen von Listenelementen

Mit den vorgestellten Grundoperationen können einfache Listen verwaltet werden. Für komplexere Anwendungen wird man jedoch auf doppelt verkettete Listen oder binäre Suchbäume zurückgreifen. Doppelt verkettete Listen haben den entscheidenden Vorteil, daß sie sowohl in aufsteigender, als auch in absteigender Folge durchlaufen werden können. Auf die Darstellung binärer Suchbäume wird an dieser Stelle verzichtet.

Doppelt verkettete Listen

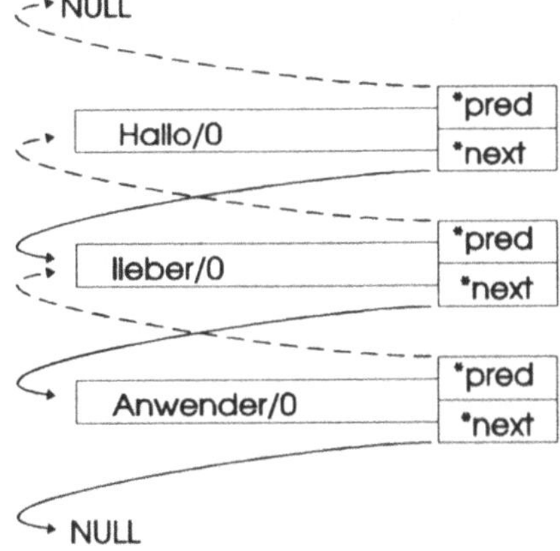

Abb. 2-21: Doppelt verkettete Liste

Doppelt verkettete Listen bauen auf der Struktur der einfach verketteten Liste auf. Bei einfach verketten Listen besteht die Grundstruktur aus dem Datenobjekt und einem Zeiger auf das folgende Element. Zum Aufbau einer doppelt verketteten Liste wird diese Struktur um einen Zeiger auf das vorangegangene Listenelement ergänzt.

```
typedef struct
        {
```

```
        char *Name;
        void *pred;
        void *next;
      } doubelItem ;
```

Das erste Element der Liste besetzt nun die Adresse des Vorgängers mit NULL. So ist eine eindeutige Kennung des Listenanfangs möglich. Bei dem letzten Listeneintrag wird, wie bei der einfach verketteten Liste, der Folgezeiger mit NULL besetzt, um auch hier eine "Liste-ist-zuende"-Kennung zu ermöglichen.

Auf einen Listenanker kann bei dieser Listenart verzichtet werden.

Als nächstes werden nun die Algorithmen dargestellt, die das Suchen nach einem Listeneintrag in aufsteigender und abfallender Reihenfolge ermöglichen.

```
/* Diese Funktion sucht nach einem
   Listeneintrag der dem SuchWort
   gleich ist. Wird dieses Element
   gefunden wird der Zeiger auf es
   zurückgegeben, sonst NULL            */

item* Get_item_up( item *Ptr,
                char *SuchWort )
{
/* solange den namen mit dem Suchwort
   vergleichen bis es gefunden worde
   oder bis der NULL-Zeiger erreicht
   wurde ...                            */
while (!strcmp(Ptr->name,Suchwort) ||
       (Ptr->next == NULL) )
   {/* und der nächste bitte ...        */
     Ptr = Ptr->next;
   }
/* den Zeiger auf die Struktur mit
   übereinstimmenden SuchWort über-
```

```
         geben oder den NULL-Zeiger            */
return Ptr;
}
```

**Analog kann bei dem Suchen in absteigender Reihenfolge
verfahren werden.**

```
/* Diese Funktion sucht nach einem
   Listeneintrag der dem SuchWort
   gleich ist in absteigender Reihen-
   folge.                               */

item* Get_item_down( item *Ptr,
                 char *SuchWort )
{
/* solange den namen mit dem Suchwort
   vergleichen bis es gefunden worde
   oder bis der NULL-Zeiger erreicht
   wurde ...                           */
while (!strcmp(Ptr->name,Suchwort) ||
       (Ptr->pred == NULL) )
   {/* und der nächste bitte ...    */
     Ptr = Ptr->pred;
   }
/* den Zeiger auf die Struktur mit
   übereinstimmenden SuchWort über-
   geben oder den NULL-Zeiger  */
return Ptr;
}
```

Statistik

Statistische Auswertungen sind in vielen Bereichen der Datenverarbeitung von ausschlaggebender Bedeutung. Sowohl in der Betriebswirtschaftslehre als auch in technischen Anwendungen sind Trendanalysen und Mittelwertbildungen wesentliche Bestandteile einer Auswertung. Darüber hinaus werden bei der Meßdatenerfassung durch Mittelwertbildung Tiefpassfilter-Eigenschaften erzielt.

Zur Anschauung seien einige wenige mathematische Formeln dargestellt:

Der Mittelwert M einer Zahlenreihe berechnet sich aus der Summe aller Zahlen Z_i ,dividiert durch die Anzahl n aller Elemente.

$$M = (Z_1 + Z_2 + Z_3 + ... + Z_n) / n \qquad (2\text{-}1)$$

Nun müssen bei Rechneranwendungen sowohl Speicherplatz als auch Rechenzeit minimiert werden. Man kann es sich also nicht leisten, nach jedem neuen Wert den Mittelwert, durch die vollständige Berechnung der Zahlensumme dividiert durch die Anzahl der Werte, zu bestimmen.

Rekursive Mittelwertbildung

Betrachtet man den vorhergehenden Mittelwert, also den zum Zeitpunkt nach n-1 Werten, so ergibt sich die Gleichung:

$$M_{(n-1)} = \frac{1}{(n-1)} \cdot (Z_1 + Z_2 + ... + Z_{n-1}) \qquad (2\text{-}2)$$

Durch einfache mathematische Umformungen und Einsetzen von (2) in (1) erhält man :

$$M = M_{(n-1)} + \frac{(Z_n - M_{(n-1)})}{n} \qquad (2\text{-}3)$$

Eine in diese Form gebrachte Gleichung ist von einem
Computer in einer minimalen Anzahl von Rechenschritten zu
berechnen. Das folgende Beispiel zeigt eine Auswertroutine
zur On-Line Mittelwertbildung der einem Vorratsbehälter
entnommenen Flüssigkeitsmenge.

```c
#define    OK        0
#define    SERVICE   9
#define    ENDE      10

void main ()
{
char Flag = OK;
...
do {
    ...
    if ( Flag == SERVICE )
        {
        Mittel=lastMittel+
            (Wert-lastMittel)/Anzahl
        fprintf(LOGFile," %2d:%2d:%2d
                Nr : %5f
                - Betrag : %5.2f
                - Mittel : %10.2f ",
                Std,Min,Sec,
                Anzahl,Wert,Mittel);
        lastMittel = Mittel;
        }
    ...
    }
while ( Flag != ENDE );
}
```

Regler

Überall dort, wo technische Systeme gezielt beeinflußt werden müssen, um einen gewünschten Zustand einzustellen, werden analoge oder digitale Regler eingesetzt. Aufgabe der Regler ist es, anhand von Eingangsgrößen Ausgangsgrößen auf definierte Zustände einzustellen. Hierbei sollen äußere Einflüsse möglichst ausgeregelt werden.

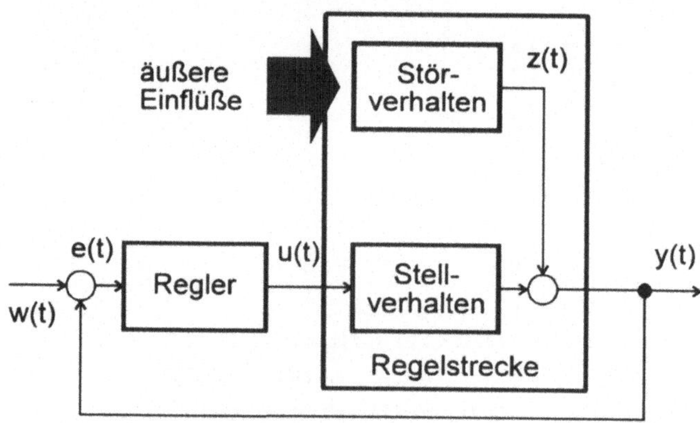

Abb. 2-22: Ein Regelungssystem

Das gegebene System bezeichnet man als Regelstrecke, die zu beeinflussende Größe als Regelgröße. Nun ist es zuerst einmal gleichgültig ob die Regelung als Digital- oder Analogregler ausgelegt ist. Aus Kostengründen setzt man bei unkritischen Systemen vorzugsweise Analogregler ein.

Bei der Steuerung komplexer Systeme werden zumeist digitale Regler eingesetzt. Hierbei haben sich insbesondere Systeme mit PID-Verhalten bewährt. Diese weisen den Vorteil auf, daß nahezu jede beliebige Steuerungsaufgabe durch einfache Softwareänderungen realisiert werden kann. Zunächst ist es für das Verständnis sinnvoll, die Funktion eines analogen PID-Reglers zu erläutern.

Der PID-Regler ist ein Universalregler und läßt sich in einer Vielzahl von Anwendungsbereichen einsetzen. Er besteht aus einem Proportional-, einem Integral- und einem Differentialanteil.

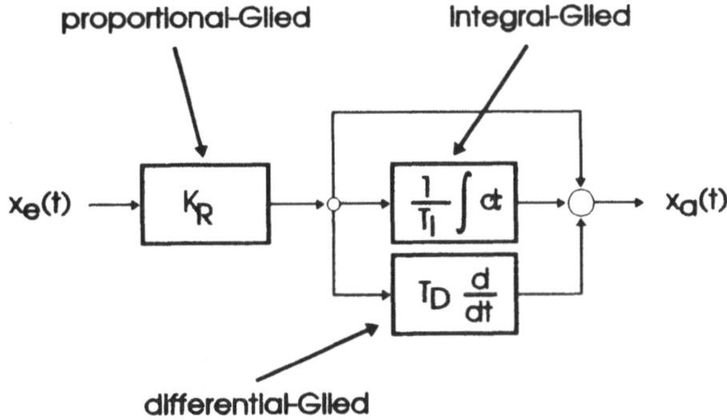

Abb.2-23: P-,I- und D-Anteil des PID-Reglers

Der Proportinalanteil sorgt für einen Verstärkungsfaktor K_R des Eingangswertes $x_e(t)$ im Verhältnis zum Ausgangswert $x_a(t)$. K_R kann entweder positiv oder negativ sein. Betrachtet man die statische Kennlinie eines P-Reglers, so kann man zwischen den Bereichen Ansprechschwelle, Proportionalbereich und Sättigungszone unterscheiden. Um eine proportionale Beziehung zwischen Eingangs- und Ausgangswert zu erzielen, ist der Arbeitspunkt des Reglers in den Proportionalbereich zu legen.

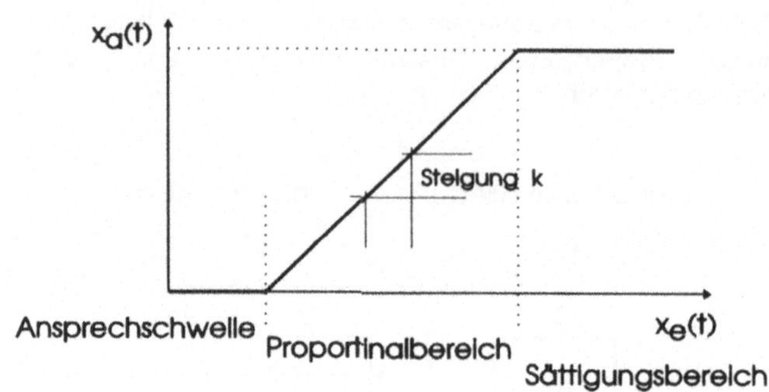

Abb. 2-24: Statische Kennlinie eines P-Reglers

Durch die verzögerungslose Beziehung zwischen $x_e(t)$ und $x_a(t)$ kann die Regelabweichung eines P-Reglers nicht eliminiert werden.

$$\underline{\underline{\text{I-Regler}}}$$

Eine Minimierung der Regelabweichung ist hingegen mit einem Integralglied zu erreichen. Dieses führt eine Integration des Eingangswertes über die Zeit durch.

$$x_a(t) = \frac{1}{T_I} \int x_e(\tau)d\tau + x_a(0) \tag{2-4}$$

Durch Differentation erhält man die statische Kennlinie des I-Reglers und kann auch eine physikalische Interpretation der Gleichung liefern.

$$\dot{x}_a(t) = \frac{1}{T_I} x_e(t) \tag{2-5}$$

Ein Integralregler beeinflußt mit der Stellgröße $x_e(t)$ die Geschwindigkeit mit der sich der Ausgang $x_a(t)$ ändert. Ist ein statischer Zustand erreicht, das heißt Soll- und Istwert stimmen überein, ist auch die Stellgeschwindigkeit gleich Null.

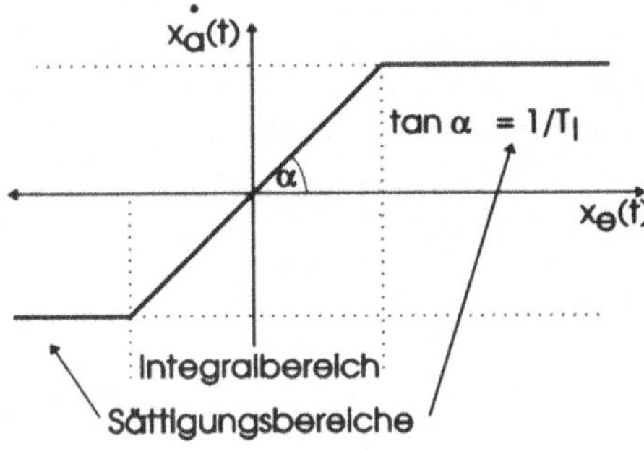

Abb. 2-25: Statische Kennlinie eines I-Reglers

Ein Regelkreis mit integralem Anteil ist im allgemeinen langsamer als ein Proportionalregler. Wird ein Regler mit P und I-Anteil verwendet, kann er durch Verkleinerung der Integrationskonstante schneller gemacht werden. Solche Regler können jedoch zur Instabilität neigen.

Ein D-Regler läßt sich durch eine Differentation der Eingangsgröße nach der Zeit beschreiben.

D-Regler

$$x_a(t) = \frac{1}{T_D} \cdot \frac{dx_e(t)}{dt} \qquad (2\text{-}6)$$

Anschaulich interpretiert ist der Ausgang $x_a(t)$ eines D-Reglers proportional zu der zeitlichen Änderung seines Eingangssignales $x_e(t)$. Man sieht sofort, daß ein D-Regler konstante Fehler nicht ausregeln kann, da er nur auf Änderungen reagiert. Darüber hinaus sind differenzierende Regler physikalisch nicht zu realisieren. Deshalb taucht das D-Glied bei praktischen Anwendungen nur in Verbindung mit P- oder I-Reglern auf.

Nachdem nun die Grundelemente eines Reglers erklärt wurden wird im folgenden auf die digitale Realisierung von Reglern eingegangen.

**Funktion
digitaler Regler**

Ein digitales System, wie es Prozeßrechner oder Personal-Computer darstellen, arbeitet Daten sequentiell, d.h. nacheinander ab. Das bedeutet aber auch, daß zum Beispiel kontinuierliche Signale an einem Meßaufnehmer nicht zu allen Zeitpunkten vom Rechner verarbeitet werden können. Für die Datenverarbeitung in Computern folgt also, daß zu bestimmten Zeitpunkten $f(t_n)$ nachgesehen werden muß, welche Daten an einem Eingang anliegen. Derartige Systeme bezeichnet man als Abtastsysteme.

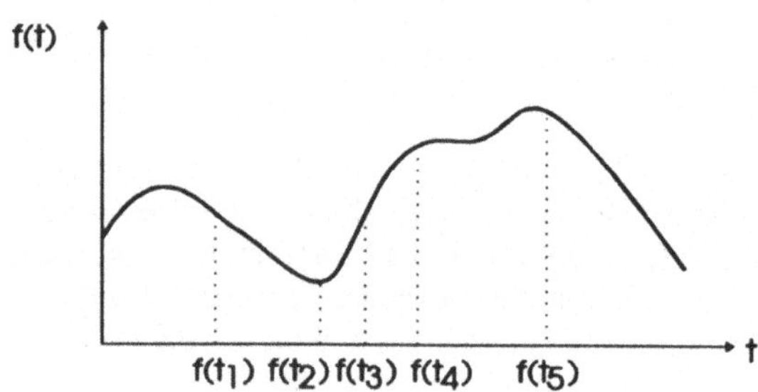

Abb. 2-26: Abtasten kontinuierlicher Signale

Damit das Eingangssignal $f(t)$ im Computer eindeutig rekonstruiert werden kann, folgt nach dem Shanon-Theorem, daß die Abtastfrequenz mindestens doppelt so groß sein muß, wie die größte Frequenz des Signals.

Abtastfrequenz

$$f_{abtast} = 2\,f_{grenz} \tag{2-7}$$

Für die Praxis hat es sich jedoch gezeigt, daß der Faktor 10 hier wesentlich bessere Rekonstruktionsergebnisse liefert. Darüber hinaus ist es erforderlich zu zeitlich äquidistanten Zeitpunkten abzutasten, um eine eindeutige mathematische Beschreibbarkeit zu ermöglichen.

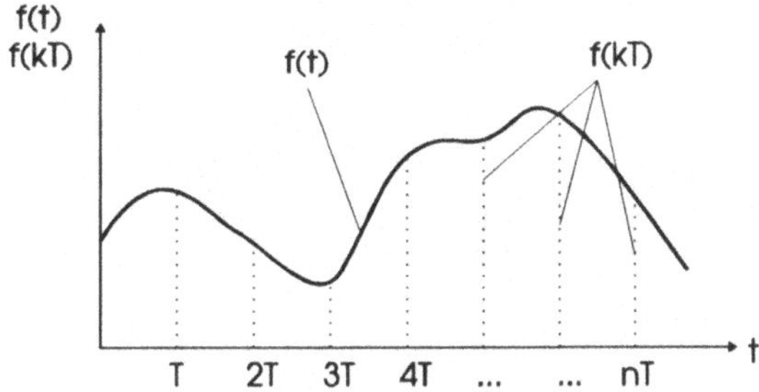

Abb. 2-27: Äquidistante Abtastung eines Signals

Nun ist es die Aufgabe des Regelungssystems, für die zeitlich passende Bereitstellung der einzelnen Prozeß-parameter zu sorgen. In der folgenden Abbildung wird der prinzipielle Aufbau eines Digital-Direct-Control (DDC) Regelkreises dargestellt.

DDC-Regelung

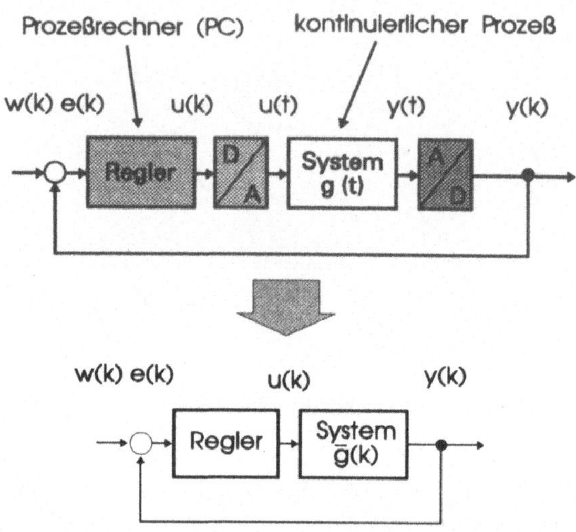

Abb. 2-28: Realisierung eines DDC-Regelkreises

Die im oberen Teil hellgrau hinterlegten Komponenten sind Teile des Computers. Die Programmierung des A/D und des D/A-Wandlers sind schon in einem früheren Kapitel beschrieben worden, so daß nun der Regler näher beleuchtet werden kann.

Sprachdefinition

Um später keine Schwierigkeiten bei der Begiffsbildung zu bekommen, sei eine einheitliche Definition der einzelnen Größen vorangestellt.

$w(k)$ -   Führungsgröße (Sollwert)
$e(k)$ -   Regelabweichung
$u(k)$ -   Stellgröße
$y(k)$ -   Regelgröße (Istwert)

Diese Namen sind in der Literatur üblich, so daß keine Schwierigkeiten bei dem Verständnis weiterführender Literatur zu erwarten sind.

Ausgehend vom Blockschaltbild des idealen PID-Reglers, wie in Abb. 2-24 dargestellt, erhält man die Übertragungsfunktion :

$$u(t) = K_R \cdot \left[\; e(t) + \frac{1}{T_I} \cdot \int e(\tau)d\tau + T_D \frac{de(t)}{dt} \; \right] \qquad (2\text{-}8)$$

Hierbei ist die Variable K_R der proportionale Beiwert des Reglers, T_I die Nachhaltezeit und T_D die Vorhaltezeit. Stellt man sicher, daß die Abtastzeit T klein genug gewählt wurde, also praxisbezogen 10x größer als die Grenzfrequenz ist, kann man den quasikontinuierlichen Fall annehmen. Hierfür kann durch einfache Umformung die Übertragungsfunktion des abgetasteten Systems approximiert werden.

$$u(k) = K_R \cdot \left[\; e(k) + \frac{T}{T_I} \cdot \sum_{i=0}^{k-1} e(i) + \frac{T_D}{T} [e(k) - e(k-1)] \; \right] \qquad (2\text{-}9)$$

Wie im Abschnitt Statistik dargestellt, sind Summen über eine lange Zeit auf einem Digitalrechner schlecht zu berechnen. Erinnert man sich an die Formeln zur rekursiven Mittelwertbildung, so kann man den Ausgangswert *u(k-1)* bestimmen und dann in (2-9) einsetzen. Wir erhalten den rekursiven Algorithmus für den digitalen PID-Regler.

$$u(k) = u(k-1) + q_0 \cdot e(k) + q_1 \cdot e(k-1) + q_2 \cdot e(k-2) \qquad (2\text{-}10)$$

mit den Parametern

$$q_0 = K_R \cdot (1 + \frac{T_D}{T})$$

$$q_1 = -K_R \cdot (1 + 2 \cdot \frac{T_D}{T} - \frac{T}{T_I}) \qquad (2\text{-}11)$$

$$q_2 = K_R \cdot \frac{T_D}{T}$$

Hierbei können die Werte T_D, T_I und K_R des kontinuierlichen PID-Reglers unmittelbar übernommen werden, wenn die Abtastzeit T mindestens 1/10 kleiner ist als die dominierende Zeitkonstante des Systems.

Die Programmierung des PID-Reglers stellt nun keine größeren Anforderungen an die C-Kenntnisse. Die Formel (2-10) ist eigentlich schon die direkte Programmiervorschrift.

```
/* Funktion PID_Regler hat als Über-
   gabeparameter den Wert der Regel-
   abweichung zum aktuellen Zeitpunkt
   und liefert die Stellgröße ...   */

float PID_Regler(  float ek_0  )
{
static float StellWert;
static float LastStell;
static float ek_1;
static float ek_2;

StellWert = LastStell + q0*ek_0 +
              q1*ek_1 + q2*ek_2;

LastStell = StellWert;
ek_2 = ek_1;
ek_1 = ek_0;
return StellWert;
}
```


Für die Programmierung eines vollständigen Regelzykluses kann man nun mit den Erkenntnissen aus dem Kapitel "D/A und A/D Wandlerkarten" folgende Programmschleife erstellen :

```
do {
    InWert  = get_AD(Kanal_1);
    OutWert = PID_Regler( InWert );
    write_DA( OutWert );
    ...
    }
while ( ... )
```

Oder man kann diese Anweisungen auch in eine Zeile
schreiben als :

```
write_DA( PID_Regler( get_AD(Kanal_1) ) );
```

Um nun deterministische Abtastwerte zu erreichen, ist es
zumeist sinnvoll, die Ein- und Ausleseoperationen in einer
Timer-Routine zu realisieren. Hierzu ist es notwendig,
timergesteuerte Routinen im Computer installieren zu
können. Da dieser Teil sehr Hardware-nah ist, wird zuerst
die allgemeine Vorgehensweise besprochen und danach ein
entsprechendes Programm für IBM-PC kompatible PCs
vorgestellt.

Wie in der Einführung zur Abtastreglung beschrieben, ist es
notwendig, mit einer Abtastrate von mindestens $2f_{grenz}$
abzutasten. Folglich ist eine zyklische Funktion alle f_{abtast}
aufzurufen.

**Timergesteuerte
Regler**

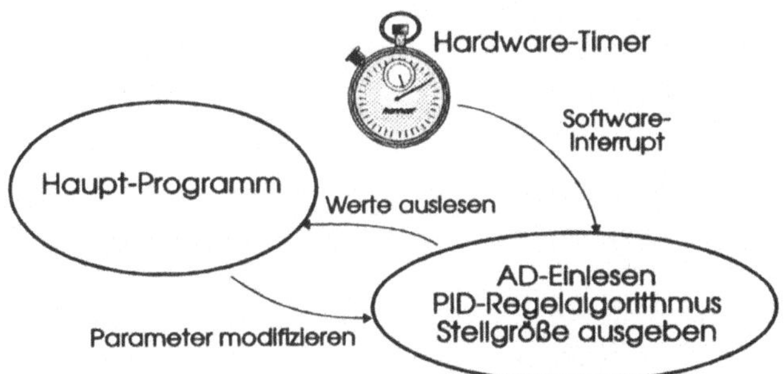

Abb. 2-29: Timergesteurte Funktionsaufrufe

Das Anstoßen der Funktion kann durch einen Soft-
wareinterrupt erfolgen, der durch einen internen Hard-
waretimer angestoßen wird. Die Funktionalität sollte nur die
zeitrelevanten Aktionen erledigen, wie das Auswerten der
AD-Umsetzerfunktionen, das Errechnen der Stellgröße durch
den (PID-) Regler und die Ausgabe der Stellgröße. Alle
anderen Funktionen werden vom Hauptprogramm erledigt.

Angenommen, man hat einen kompatiblen Personalcomputer und es sollen Prozesse mit einer Grenzfrequenz von kleiner 10 Hz geregelt werden. In diesem Fall reicht der Timertick des PCs als Zeitbasis mit seinen 18,3 Abtastungen pro Sekunde aus. Hierfür kann das folgende C-Programm verwendet werden:

IBM-PC Regelungs-programm

```
/* Source Borland-C für IBM-PC        */

#include <dos.h>

#define WAIT          0
#define NEW_VAL       1
#define AD_KANAL      1
#define TIMER_INTR    0x08

void interrupt TimerHandler();
void interrupt(*OldTimer)();

float PID_Regler(  float ek_0  );
float get_AD( char Kanal );
void  write_DA( float OutWert );

/* Semaphore zur Kommunikation zwischen
     Interruptroutine und Hauptprogramm    */
char Sema;
float InWert;
float OutWert;

void main(void)
{
Sema = WAIT;
OldTimer = getvect(TIMER_INTR);
setvect(TIMER_INTR,TimerHandler);
do {
    /* Wenn in Sema ein Wert != WAIT steht
       etwas machen ...                    */
    if (Sema == NEW_VAL)
       {
```

```
        /* Regel- und Stellgröße ausgeben*/
        printf(" Regelgröße %f
                Stellgröße %f /n",
                InWert,OutWert);
        /* Semaphor freigeben          */
        Sema = WAIT;
        }
    else if ( Sema > NEW_VAL )
        {
        ... Fehlerroutine, die do/while
            Schleife ist zu langsam ...
        }
    }
while ( !kbhit());
setvect(TIMER_INTR,OldTimer);
}
```

/* Timerroutine die Funktion get_AD() muß
auf die jeweilige AD-Karte angepaßt werden,
wie auch die Funktion write_DA().Als Regler
kann die bekannte Funktion PID_Regler()
benutzt werden ...   */

Regler Interrupt-Routine

```
void interrupt TimerHandler()
{
/* keine weiteren INTs zulassen         */
disable();
/* Wandler auslesen                     */
InWert  = get_AD(AD_KANAL);
/* mit Regler Stellgröße berechnen      */
OutWert = PID_Regler( InWert );
/* Stellgröße ausgeben                  */
write_DA( OutWert );
/* Semaphor hochzählen ...              */
Sema++;
/* Interrupts wieder zulassen           */
enable();
```

```
/* den alten Timer wieder aufrufen ...   */
Old_Timer();
}
```

Semaphore zur Task-kommunikation

In diesem, zugegebenermaßen umfangreichen Programm sieht man nun eine Besonderheit bei der Kommunikation zwischen Interruptroutinen und dem Hauptprogramm. Um nicht unnötig Rechenzeit zu verlieren, erfolgt in unserem Beispiel nur dann eine Bildschirmausgabe, wenn auch wirklich neue Parameter vorhanden sind. Dazu inkrementiert die Interruptroutine bei jedem Aufruf die Semaphore `Sema`. In der Hauptschleife des Programms wird nun auf die Semaphore gepollt, d.h. ständig nachgesehen, ob sich ihr Wert geändert hat. Ist dieses der Fall, erfolgt eine Ausgabe. Dadurch, daß die Semaphore in der Interruptroutine hochgezählt wird, kann man erkennen, ob die Zykluszeit der Hauptschleife zum Entsorgen der Daten ausreicht. Ist der Wert von `Sema` größer als `NEW_VAL`, wurde der Interrupt innerhalb eines `do-while`-Zykluses mehr als einmal aufgerufen. Zu bemerken gilt, daß der Regelalgorithmus sicher ist, d.h. es gehen nur Werte für die Darstellung verloren, nicht für die Reglung !

Bedienerführung

Eine wichtige Komponente bei der Programmierung von Software ist eine angemessene Bedienerführung. Der Bediener darf in seiner Tätigkeit weder gängelt, noch durch unsinnige Eingabeaufforderungen in seiner Arbeit behindert werden. Auf eine vollständige Diskussion der Bedienungskonzepte hinsichtlich ihrer ergonomischen Sinnfälligkeit muß leider verzichtet werden, da diese den Rahmen dieses Werks bei weitem sprengen würde. Demjenigen, der professionell genutzte Software schreiben möchte, sei hier dringend angeraten, sich mit dieser Materie intensiv auseinanderzusetzen. Im folgenden werden die für eine effiziente Bedienung erforderlichen Strategien anhand von praktischen Beispielen erläutert. Wie bereits gesagt, es werden Grundlagen vermittelt, die von allgemeinem Interesse sind.

Benutzer-Computer-Schnittstelle

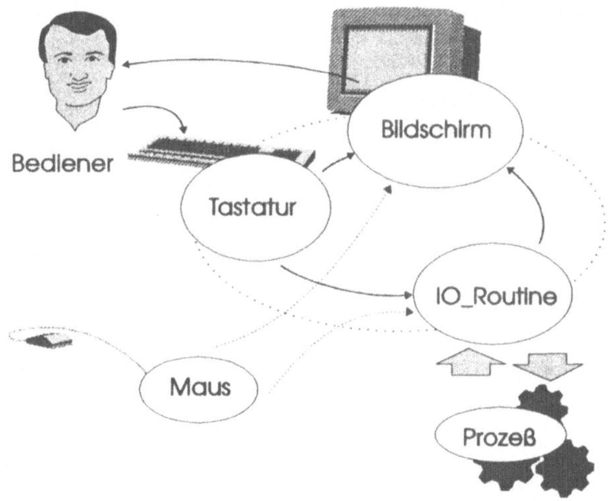

Abb. 2-30: Benutzer-Computer-Prozeß-Schnittstelle

Als Beispiel soll in diesem Kapitel die Steuerung eines Prozesses dienen. Der Bediener kann mit Hilfe der Tastatur oder der Maus verschiedene Bedienfälle auswählen. Als Reaktion sind entsprechende Aktionen auszuführen. Darüber hinaus gehend sind die Prozeßparameter auf dem Bildschirm darzustellen. Die Abb. 2-31 zeigt die möglichen Interaktionswege. Im folgenden werden die wesentlichen Verfahren zur Abarbeitung von Benutzereingaben dargestellt.

<table><tr><td>Sequentielle
Programmfolge</td><td>Die einfachste Form des benutzerbeeinflußten Programmablaufes besteht in der sequentiellen Abarbeitung von Programmstrukturen. Hierbei werden in einer Programmschleife Eingaben entgegengenommen und in einem weiteren Schritt weiterverarbeitet.</td></tr></table>

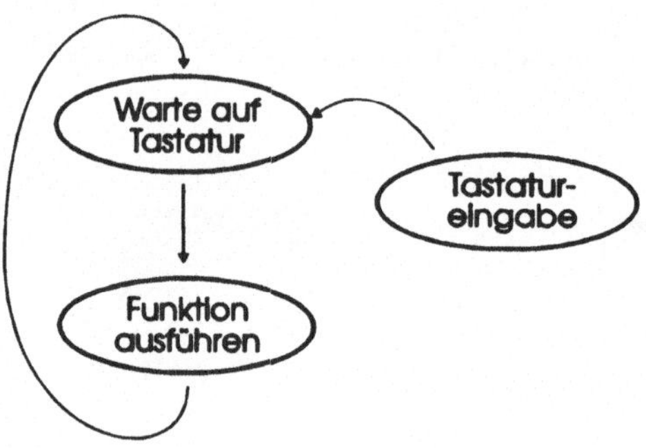

Abb. 2-31: Sequentielle Programmabfolge

```c
#include <conio.h>
#include <stdio.h>

#define ESC    27

int main(void)
{
int c;
int extended = 0;
```

```c
do {
   printf("Drücken Sie eine Taste!\n");
   c = getch();
   if (!c)
      extended = getch();
   if (extended)
      { /* Aktionen für erweiterte Codes */
       switch ( extended ) {
            case ...
            case ...
          }
      extended = 0;
      }
   else
      {/* Aktionen für ASCII-Codes */
       switch ( c ) {
            case ...
            case ...
          }
      }
   .../* sonstige Aktionen ... */
      }
/* Abbruch mit Esc-Taste ... */
while ( c != ESC );
return 0;
}
```

Problematisch ist bei dieser Art von Programmierung, daß
die Programmschleife vor jeder Eingabe angehalten wird.
Der Computer wird folglich "lahm" gelegt, er wartet ständig
auf eine Eingabe.

Sinnvoller ist in diesem Fall, daß ein Programm nur dann
unterbrochen wird, wenn ein Tastaturereignis eingetroffen
ist. Hierfür sind bei den meisten C-Compiler geeignete Funktionen in einer Bibliothek implementiert. Im Falle des
Borland C-Compilers steht die Funktion kbhit() zur
Verfügung.

**Abfrage
Tastatur-
ereignisse**

kbhit()

Die Funktion "keyboard hit" prüft, ob eine Taste gedrückt wurde. Liegt eine noch nicht gelesene Eingabe vor, so wird ein Wert ungleich Null zurückgegeben und der Tastaturcode kann mit `getch()` gelesen werden.

```
int kbhit( void );
```

Bei IBM-kompatiblen Personalcomputern ist nun die Tastatur in einfache und erweiterte Scan-Codes klassifiziert. Dieses ist notwendig, um z.B. die *Ctrl* oder *Alt*-Tasten auswerten zu können. Die Funktion `getkey()` ermöglicht ein komfortables Auslesen des Scancodes. Hierzu steckt die wesentliche Information in der Headderdatei `getkey.h` .

getkey.h

```
enum { ALT_0=-129,ALT_9,ALT_8,ALT_7,
ALT_6,ALT_5,ALT_4,ALT_3,ALT_2,ALT_1,
ALT_F10=-113,ALT_F9,ALT_F8,ALT_F7,ALT_F6,
ALT_F5,ALT_F4,ALT_F3,ALT_F2,ALT_F1,
CTR_F10,CTR_F9,CTR_F8,CTR_F7,CTR_F6,CTR_F5,
CTR_F4,CTR_F3,CTR_F2,CTR_F1,
SFT_F10,SFT_F9,SFT_F8,SFT_F7,SFT_F6,SFT_F5,
SFT_F4,SFT_F3,SFT_F2,SFT_F1,
DEL,INS,PAGE_DOWN,CU_DOWN,END,CU_RE=-
77,CU_LI=-75,PAGE_UP=-73,CU_UP,POS1,
F10=-68,F9,F8,F7,F6,F5,F4,F3,F2,F1,

ALT_M=-50,ALT_N,ALT_B,ALT_V,ALT_C,ALT_X,
ALT_Y,ALT_L=38,ALT_K,ALT_J,ALT_H,ALT_G,
ALT_F,ALT_D,ALT_S,ALT_A,ALT_P=-25,ALT_O,
ALT_I,ALT_U,ALT_Z,ALT_T,ALT_R,ALT_E,ALT_W,

RET=0XD3,ESC=27};

extern int getkey(void);
```

Die Funktion `getkey()` liest die Tastaturcodes aus und liefert die Werte entsprechend der Definitionen der Headderdatei. Erfolgte keine Tastatureingabe, wird der Wert Null zurückgegeben. Handelt es sich um erweiterte

Scancodes, sind die Werte kleiner Null, andernfalls größer
Null.

```c
#include <conio.h>
#include "getkey.h"


int getkey(void)
{
int key = 0;
if (kbhit())
        {
        key = getch();
            if (kbhit())
                {
                key = -getch();
                }
        }
return (key);
}
```

getkey.c

Mit der Hilfe dieser Funktion kann nun sehr einfach eine
komfortable Tastaturabfrage erfolgen.

```c
do {
    if (Taste = getkey())
        {
            switch (Taste) {
                case F1 : ... ; break;
                case F2 : ... ; break;
                case .. : ... ; break;
                case .. : ... ; break;
                default : ...;
                } (* case *)
        }
    Prozeß();
    Bildschirmdarstellung();
```

**Komfortable
Tastaturabfrage**

```
        }
    while ( Taste != ESC );
```


Die Vorgehensweise in dem obigen Programmausschnitt bezeichnet man als Abfragebetrieb oder, wie in der Englischsprachigen Literatur üblich, als Polling. Zum besseren Verständnis zeigt die folgende Abbildung die prinzipielle Vorgehensweise.

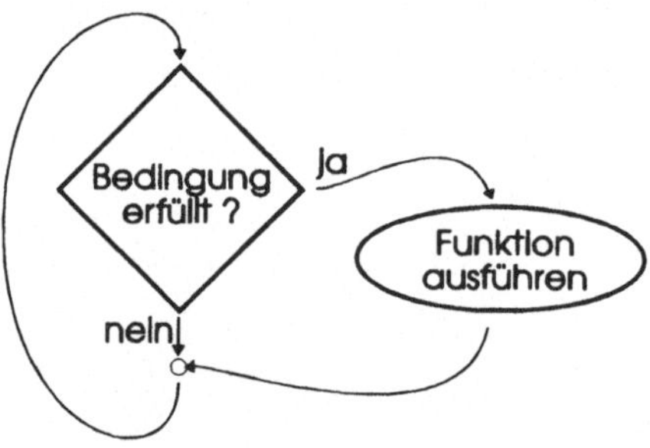

Abb.2-32: Abfragebetrieb

In einer Schleife kontrolliert eine Funktion, ob eine bestimmte Bedingung erfüllt ist. Ist die Bedingung erfüllt, wird die entsprechende Funktionalität abgearbeitet.

Für das Beispiel einer einfachen Tastatureingabe mag diese Vorgehensweise ausreichen. Ermöglichen zusätzliche Geräte, wie zum Beispiel eine Maus oder ein externer Prozeß eine erweiterte Eingabe, so ist diese einfache Struktur überfordert. In diesem Fall ist es zumeist notwendig, auf asynchrone Prozeßereignisse, wie sie ein Maustreiber generiert, zu reagieren.

Asynchrone Ereignisse

Betrachtet man auf der Abbildung 2-31 die Wege der Mausinteraktionen, so ist leicht zu erkennen, daß die Mausaktionen nach Bedarf abgearbeitet werden müssen und zwar abhängig von der Bildschirmposition. Es stellt sich die

Frage, wie sind asynchrone Prozeßereignisse in die Bedienerführung zu integrieren ?

Ausgehend vom letzten Programmbeispiel müssen folgende Bedingungen erfüllt sein :

- Abfrage von Tastaturereignissen

- Reaktion auf asynchrone Maus-Aktionen

- Reaktion auf asynchrone Prozeßereignisse

- Abfragebetrieb für sonstige Betriebszustände.

Man kann erkennen, daß ein Unterprogrammaufruf zur Bearbeitung eines Ereignisses nicht in der gleichen Routine erfolgen kann, in der die Tastaturcodes ausgelesen werden, da auch Maus- oder sonstige Ereignisse berücksichtigt werden sollen.

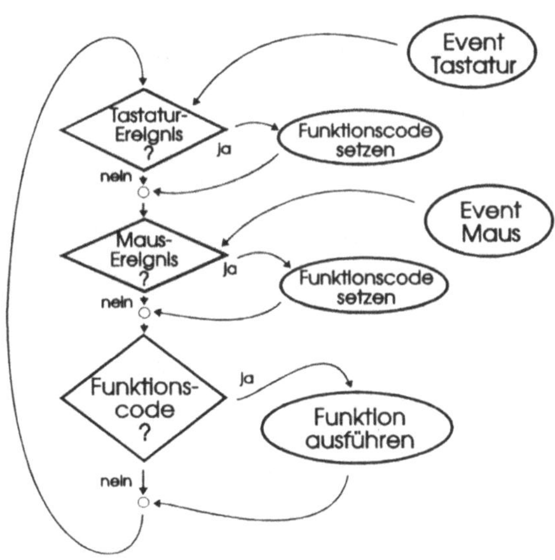

Abb. 2-33: Event-Betrieb

In diesem Fall bevorzugt man ein mehrstufiges, priorisiertes Abarbeiten von Ereignissen. Es gilt zu bedenken, daß hier beliebige Kombinationen möglich sind, wobei die folgenden Sequenzen nur als Anregung zu verstehen sind.

Funktions-Codes

Für die Realisation sieht dieses wie folgt aus. Zuerst müssen die notwendigen Funktionscodes definiert werden. Dieses geschieht üblicherweise in einer Headerdatei.

```
#define     AKTION_1        1
#define     AKTION_2        2
#define     AKTION_3        3
#define     AKTION_4        4
#define     ...             ...
#define     ENDE            99

#define     MAUS_EVENT      200
#define     PROZESS_EVENT   400
```

Diese Funktionscodes sind sämtlichen Programmteilen und -modulen bekanntzumachen. Die Hauptprogrammschleife könnte dann wie folgt aussehen:

Hauptschleife Programm mit mehreren Ereignisquellen

```
do {
    if (TEvent = TastaturEvent()) {
    FCode=SetzeFunktionsCode(TEvent);
    if ( MEvent = MausEvent())
    FCode=SetzeFunktionsCode(MEvent);
    if ( PEvent = ProzessEvent())
    FCode=SetzeFunktionsCode(PEvent);

    if (FCode)
    {
      switch (FCode) {
        case AKTION_1 : ... ; break;
        case AKTION_2 : ... ; break;
        case ..       : ... ; break;
        case ENDE     : ErrorCode=FCode;
                        break;
```

```
        default         : ...;
        } (* case *)
      FCode = 0;
      }
    Prozeß();
    Bildschirmdarstellung();
    }
while ( ErrorCode != ENDE );
```

In der Routine `SetzeFunktionsCode()` werden die jeweiligen Events in Funktionscodes umgesetzt. Dieses wird exemplarisch für die Tastatur- und Mausereignisse dargestellt.

```
/* Auswertung der Tastaturereignisse
Aufgrund ihrer Tastaturcodes ...     */

int TastaturEvent( void)
{
return getkey();
}


/* Auswerten der Mausevents aufgrund ver-
schiedener Ereignisse die der Maustreiber
in die globalen Variablen Button_Left,
Button_Right, xPix, yPix, etc abgelegt
hat.                                    */

int MausEvent( void )
{
int RetWert;
if ( Button_Left )
  {
  if ( xPix < POS1X )
    {
    if ( yPix < POS1Y)
          RetWert = M_EVENT_11;
    if ( yPix < POS2Y)
```

Auswertung von Tastatur- ereignissen

Auswerten der Mausereignisse

```
                    RetWert = M_EVENT_12;
          if ( yPix < POS3Y)

                ...

          }
      if ( xPix < POS2X )
        {
        if ( yPix < POS1Y)
              RetWert = MEVENT_21

      ...

        }
      }
   return RetWert;
   }
```


Ausgewertet werden diese Werte in der nächsten Instanz,
dem Ereignis-Funktionscode-Umsetzer .

```
/* Die Ereignis-Codes in Funktionscodes
umsetzen. Hierbei kann eine Priorisierung
nach Ereignisart und / oder Zeitpunkt
durchaus sinnvoll sein. ...              */

int SetzeFunktionsCode(int Event)
{ int RetCode;

switch( Event) {
  case F1       : RetCode = AKTION_1; break;
  case F2       : RetCode = AKTION_2; break;
  case ...      : RetCode = ...      ; break;
  case ALT_F1   : RetCode = AKTION_9; break;
  case ...      : RetCode = ....     ; break;

  case M_EVENT_11 : RetCode = AKTION_1;
                    break;
  case M_EVENT_12 : RetCode = AKTION_2;
                    break;
  case M_EVENT_.. : RetCode = ...;
                    break;
```

```
    case ...      : RetCode = ...; break;
    default       : RetCode = 0;
    }
return RetCode;
}
```

Praktische Softwareentwicklung

Die Sprache C gehört zu den strukturierten Programmiersprachen. Zur Abhandlung des kompletten Zyklus der Softwareerstellung sind die Phasen

- Analyse,

- Entwurf,

- Codierung und

- Test

zu durchlaufen. Dabei ist es innerhalb der Softwareentwicklung immer wieder erforderlich, iterativ die Ergebnisse einer Phase zu modifizieren und den Zyklus zu wiederholen.

Für strukturierte Programmiersprachen existieren eine Reihe von Methoden und Notationen zu den Phasen Analyse und Entwurf. Hinweise zum Bereich der Echtzeitsysteme bietet /WAR 91/. Speziell zur Unterstützung der Sprache C existieren eine Reihe von Werkzeugen, die die Phasen Analyse und Entwurf und auch die spätere Umsetzung in C-Quelltext unterstützen. Für ein Projekt mit mehreren Programmierern ist zusätzlich eine geeignete Projektverwaltung unerläßlich. Doch dieser Aspekt der Softwareentwicklung soll an dieser Stelle nicht weiter behandelt werden. Hier geht es primär um die Umsetzung der Ergebnisse des Entwurfs in C-Code.

Häufige Fehlerquellen in der Praxis

Der Freiheitsgrad, den C dem Programmierer einräumt, kann zu Programmen führen, die instabil laufen und schwer zu warten sind. Besondere Vorsicht ist beim Umgang mit Zeigern geboten. Die Meldung 'Null Pointer Assignment' beim Verlassen eines Programms sollte umgehend zur Überprüfung und Beseitigung des zugrundeliegenden Fehlers führen, auch wenn das Programm augenscheinlich fehlerfrei funktioniert. Jedes Aufschieben der Fehlersuche auf einen späteren Zeitpunkt führt zu einem komplexeren Programm und damit erschwerter Fehlersuche.

Die Hinweise in den Abschnitten zum Umgang mit Zeigern und der dynamischen Speicherverwaltung sind unbedingt zu beachten. Die Fehlersuche in C kann ansonsten selbst mit modernsten Hilfsmitteln, wie Quellcodedebugger etc. zu einem langwierigen und frustrierenden Vorgang werden. Vor allem ein Debugger kann bei der Suche derartiger Fehler hilfreich sein.

Verbreitete Fehlerquellen

Nachläßigkeiten, wie

- die Verwechslung des Vergleichsoperators `==` mit dem Zuweisungsoperator `=`,

- das Vergessen von `break` bei `switch()`-Anweisungen,

- Blockbildung lediglich durch Einrückung des Programmtextes und nicht mittels `{` und `}`,

- Nichtbeachten des Vorrangs von Operatoren und

- fehlerhafte Argumente bei Bibliotheksfunktionen mit variablen Argumentenlisten, wie `printf()` und `scanf()`

führen nicht zu einer Fehlermeldung des Übersetzers. Diese Fehler lassen sich jedoch relativ einfach mit Hilfe eines Quelltextdebuggers ermitteln. Bei unsachgemäßem Umgang mit Zeigern und der dynamischen Speicherverwaltung ist jedoch oftmals der Debugger überfordert. Null-Zeiger z.B. lassen sich manchmal mit Hilfe der Kontrolle der Speicherzellen Null und folgende über sogenannte 'Watchpoints' ermitteln.

Stackgröße

Ein Grund für ein instabiles Programmverhalten kann auch eine unzureichende Größe des Stacks sein. Eine analytische Bestimmung des benötigten Stackvolumens ist nicht möglich, sodaß an dieser Stelle auf Versuche nicht verzichtet werden kann. Zumindest innerhalb der Programmerstellungsphase ist eine Überprüfung des Stacks bei jedem Funktionsaufruf durch den Übersetzer erforderlich. Dazu bieten die meisten Übersetzer eine entsprechende Option. Zur Optimierung des Laufzeitverhaltens eines Programms wird in der Voreinstellung der Übersetzer gerne auf diese Überprüfung verzichtet. Der erzeugte Code wird zunächst Benchmark-wirksam auf Geschwindigkeit getrimmt.

Die Ursache für einen übermäßigen Gebrauch des Stackbereichs kann jedoch auch vom Programmierer zu verantworten sein. Problematisch sind Rekursionen mit extremen Schachtelungstiefen und umfangreichen lokalen Daten, die besser über die dynamische Speicherverwaltung auf dem Heap des Programms abgelegt werden sollten. Hierbei hilft dann eine Vergrößerung des Stackbereichs nicht in jedem Fall. Eine Vergrößerung des Stacks von 2 KByte auf 4 KByte führt nicht dazu, daß eine Rekursion mit 1000 Aufrufen oder ein lokales Datum mit einem Umfang von 5KBytes genügend Platz vorfindet. Hier hilft nur eine Änderung der Programmsauslegung

Programmierstil

Der Programmierstil in C sollte unbedingt 'defensiv' ausgelegt sein. Das bedeutet, daß vor allem die Aspekte Laufzeitoptimierung und kompakte Schreibweise hinter den Punkten

- Fehlervermeidung,

- Lesbarkeit,

- Portabilität und

- Wartbarkeit zurückstehen.

Zu den potentiellen Fehlerquellen sind in den vorhergehenden Kapiteln Hinweise gegeben worden. Wichtig ist insbesondere die Beachtung der Warnungen durch den Übersetzer. Jede Warnung ist ein potentieller Fehler und sollte durch eine entsprechende Gestaltung des Programmtextes vermieden werden. Fast immer läßt sich eine Warnung umgehen.

**Fehler-
vermeidung**

Ganz ausschließen lassen sich Fehler nie. Durch eine sorgfältige Auslegung der Software kann jedoch eine Minimierung erreicht werden. Betrachtet man den Zeitaufwand, der für die Korrektur eines fehlerhaften Programms benötigt wird, ist es immer sinnvoll einen Bruchteil dieser Zeit bereits im Vorfeld zur Fehlervermeidung zu investieren. Die Fehlersuche kann frustrierend für Programmier sein. Nicht entdeckte Fehler in bereits ausgelieferter Software verursachen im Regelfall nachhaltige Kosten und nicht zuletzt Imageverluste .

Symptomatisch ist dabei die dynamische Speicherverwaltung. Eine vergessene Überprüfung des Erfolgs einer Speicheranforderung mittels der Funktion `malloc()` bleibt in der Testphase unentdeckt. In der Testphase ist immer ausreichender Speicher vorhanden und lediglich auf der zumeist kleineren Maschine des Endanwenders kommt es zu einer Situation, in der dieser Fehler Wirkung zeigt. Ein Test von Software kann nie vollständig sein, daher sollte die

Auslegung der Software äußerst sorgfältig vorgenommen werden und mögliche Fehlersituationen unbedingt berücksichtigen. Gerade die Aufspürung von möglichen Fehlersituationen sollte nicht in die Verantwortung der Testphase verlegt werden.

Lesbarkeit

Die Lesbarkeit soll dem menschlichen Betrachter ermöglichen, den Programmablauf schnell zu verstehen. Dabei liegt ein prinzipieller Unterschied zu den Erfordernissen des Übersetzers vor. Dieser benötigt lediglich ein syntaktisch korrektes Programm. Damit ist es für den Übersetzer unerheblich, ob eine Funktion komplett in einer Zeile definiert wird oder übersichtlich in mehreren Zeilen.

Diese Aussage gilt in keinem Fall für den menschlichen Programmierer. Er benötigt eine sinnvolle, dem Programmablauf entsprechende Formatierung, die zudem ästhetische Gesichtspunkte berücksichtigen sollte. Unerläßlich sind sinnvolle Namen für Variablen, Funktionen und Makros. Nach Möglichkeit sollten die verwendeten Formatierungen und Regeln zur Namensgebung für die zu einem Programm gehörenden Dateien konsistent sein.

Portabilität

Die Erstellung von Software ist ein komplexer und aufwendiger Vorgang. Daher ist es sinnvoll, den Quelltext möglichst universell einsetzbar zu gestalten. Dazu ist es notwendig den Quelltext so auszulegen, daß er für verschiedene Übersetzer und Maschinen verwendbar ist. Gerade im Bereich der Werkzeuge und insbesondere der Rechner findet eine rasante Weiterentwicklung statt, so daß die Lebensdauer eines Programms zumeist wesentlich länger ist als die der Zielumgebung.

Portabilität wird dadurch erreicht, daß lediglich die Elemente des Übersetzer genutzt werden, die dem ANSI-Standard entsprechen. Bei der Wahl der neuen Umgebung ist dann lediglich ein ANSI-konformer Übersetzer Voraussetzung. Maschinenabhängigkeiten, wie z.B. die Datenbreite, können durch entsprechende Makrodefinitionen über die Präprozessoranweisung `#define` berücksichtigt werden.

Sinnvoll ist auch, immer wenn möglich, auf Funktionen der Standardbibliothek zurückzugreifen.

Sollte es nicht möglich sein, ohne spezielle Eigenschaften der Hardware, des Betriebssystems oder des Übersetzers auszukommen, sollten diese zentral in einer Datei bzw. Funktion eingesetzt werden. Um z.B. einen Analog-/Digitalumsetzer anzusprechen sollten immer eine oder mehrere Funktionen erstellt werden um diesen anzusprechen. Kommt ein anderer Umsetzer zum Einsatz, so sind lediglich diese Funktionen zu modifizieren. Ähnliches gilt für den Einsatz von Maschinensprache. Ihr Einsatz sollte auf einzelne Funktionen beschränkt bleiben.

Wird Maschinensprache zur Effizienzsteigerung eingesetzt, so ist es sinnvoll, die betreffende Funktion zunächst in C zu erstellen. Damit ist eine lesbare Dokumentation dieser Funktion für den nur C-Programmierer erfolgt und eine vorläufige Implementation ist schnell vorzunehmen, auch wenn diese nicht die Optimierung aufweist. Sollte der Übersetzer die Möglichkeit aufweisen, Maschinencode in Assemblernotation zu erzeugen, so kann dem Maschinenspracheprogrammierer bereits ein Gerüst an die Hand gegeben werden, welches dieser nur noch optimieren muß. Dieser Vorgang bedeutet eine wesentliche Arbeitserleichterung gegenüber der kompletten Erstellung einer Funktion in Maschinensprache. Generell sollte der Einsatz von Maschinencode nicht notwendig sein.

Maschinensprache

Eine wichtige Voraussetzung für die Wartbarkeit von Software ist eine sorgfältige Dokumentation der einzelnen Phasen der Softwareentwicklung. Daneben sollte die spätere Erweiterbarkeit des Systems immer berücksichtigt werden. Hierzu bietet es sich z.B. an, auf symbolische Namen mit Hilfe von `#define` zurückzugreifen. Zusammengehörige Funktionen sollten immer zu neuen Funktionen zusammengefaßt werden.

Wartbarkeit

Soll z.B. ein Analog-/Digitalumsetzer ausgelesen werden, sind eine Reihe von Schritten notwendig, die speziell auf den verwendeten Baustein abzustimmen sind. Wird der Vorgang des Lesens in eine Funktion leseADU() zusammengefaßt, müssen bei Änderungen innerhalb der Hardware lediglich die Funktion leseADU() und die in ihr enthaltenen Funktionen angepaßt werden. Da das restliche Programm lediglich auf leseADU() aufbaut, sind keine weiteren Änderungen erforderlich.

```
int leseADU()
  { resetADU();
    startADU();
    return getValue();
  }
```

Sollte nun zum Lesen eines Wertes im Rahmen einer Änderung an der Hardware zu allererst ein Multiplexer zu schalten sein, so muß diese Änderung lediglich in der Funktion leseADU() berücksichtigt werden und nicht an allen Stellen, an denen ein Wert gelesen wird. Weiterhin ist die Vermeidung von Seiteneffekten wichtig. Eine Funktion sollte in sich abgeschlossen sein und möglichst keine globalen Bezüge aufweisen. Sollten sich Seiteneffekte nicht vermeiden lassen, so sind diese sorgfältig zu dokumentieren.

Modularisierung, abstrakte Datentypen

Ein C-Programm wird sich in der Praxis über mehrere Dateien erstrecken. Zwei unterschiedliche Dateiarten haben wir bereits kennengelernt. Zu unterscheiden sind

- Headerdateien (Dateierweiterung *.h),

- Quelldateien (Dateierweiterung *.c) und

- Bibliotheksdateien (Dateierweiterung *.lib).

Die Headerdateien dienen dazu allgemeine Vereinbarungen zu treffen, die für mehrere Quelldateien von Interesse sind. In C sind Vereinbarungen generell auf die Quelldatei beschränkt, in der sie vorgenommen wurden. Damit wird in C die Modulbildung lediglich auf der Basis von Dateien unterstützt. Eine Headerdatei beinhaltet vor allem die Vereinbarungen (Funktionsdeklarationen, Makrodefinitionen etc.) die für andere Module von Interesse sein können. Der Vorgang des Einbindens einer Quelldatei über die Präprozessoranweisung `#include` in wiederum eine andere Quelldatei bietet den geeigneten Transportmechanismus für Vereinbarungen. Vermieden wird damit die fehlerträchtige, mehrfache Vereinbarung eines Sachverhaltes. Typischerweise sind in den Headerdateien Makrodefinitionen, Funktionsdeklarationen, Typdefinitionen und globale Variablenvereinbarungen zu finden.

Headerdatei

Makrodefinitionen haben den Sinn, eine gemeinsame und umfassende symbolische Repräsentation eines Zusammenhangs zu schaffen. Besonders interessant ist die Makrodefinition z.B. bei Zahlenwerten mit einer definierten Bedeutung. Wird der Zustand z.B. einer Bewegung in einer ganzzahligen Variable festgehalten, so kann, wenn auf ein `enum` verzichtet werden soll, für jeden Zustand ein bestimmter Wert vereinbart werden:

**Makro-
definitionen**

```
#define GESCHLOSSEN 0
#define HALBOFFEN   1
#define OFFEN       2
```

In diesem Zusammenhang ist u.a. auch die Festlegung einer Feldgröße zu nennen.

Funktionsdeklarationen

Funktionsdeklarationen sind notwendig, um dem Übersetzer den Typ einer Funktion bekannt zu machen. Dabei geht es sowohl um die Argumente als auch den Rückgabewert. Ist eine Funktionsdeklaration erfolgt, kann ein entsprechender Funktionsaufruf verwendet werden. Die Definition der Funktion kann dann in einer beliebigen Datei erfolgen oder die Funktion ist im Objektcode in einer Bibliothek enthalten. Wichtig ist lediglich, daß die entsprechende Datei oder Bibliothek im Bindevorgang berücksichtigt wird. Ansonsten kommt es zu einer Fehlermeldung des Binders (Linker).

Typvereinbarungen

Die Vereinbarung neuer Datentypen bietet die Möglichkeit den Abstraktionsgrad der Basistypen zu erhöhen. Typvereinbarungen werden mit Hilfe des Schlüsselwortes `typdef` vorgenommen. Um Daten eines komplexen Datentyps zwischen Quelldateien austauschen zu können, muß eine einheitliche Festlegung des Datentyps erfolgen. Für die Variablen und Funktionsparameter der Standardbibliothek existieren z.B. eine ganze Reihe von Typvereinbarungen.

Globale Variablen

Globale Bezüge lösen einen Zusammenhang aus einem beschränkten Umkreis heraus. Die daraus resultierende Offenheit führt bei Variablen schnell zu Seiteneffekten. Bei Zugriffen auf Variablen müssen ggf. Abhängigkeiten zu anderen Variablen oder Systemzuständen berücksichtigt werden. Das Programm kann jedoch, zur Laufzeit, über den Zugriff auf ein Datum keinerlei Kenntnis erlangen, um in diesem Fall entsprechende Aktionen einzuleiten. Daten haben einen rein passiven Charakter. Ist die Variable nur innerhalb einer Funktion gültig, also lokal, kann die Funktion die Koordination übernehmen. Bei globalen Variablen jedoch ist der Zugriff von mehreren Funktionen aus möglich, so daß die Gefahr von Seiteneffekten gegeben ist.

Aus diesem Grund sollte nach Möglichkeit auf globale Daten verzichtet werden. Nicht immer kann jedoch auf globale Daten komplett verzichtet werden. Bisher war die

Sichtbarkeit globaler Daten auf die Datei bzw. das Modul beschränkt, in der sie definiert wurde. Um globale Variablen eines Moduls in einem anderen Modul zu nutzen, muß die Existenz des Datums den anderen Modulen mitgeteilt werden. Dazu dient das Schlüsselwort `extern`. Die Anweisung

```
extern int anzahlDurchlaeufe;
```

teilt dem Übersetzer mit, daß ein globales Datum mit dem Namen `anzahlDurchlaeufe` und dem Datentyp `int` existiert. Speicherplatz wird nicht reserviert. Dazu muß in einem anderen Modul die Variablendefinition

```
int anzahlDurchlaeufe;
```

vorgenommen werden. Wichtig ist, daß der Typ übereinstimmt und genau eine Definition in einem Modul des Programms erfolgt. Findet keine Definition statt oder erfolgen mehrfache Definitionen, kommt es zu einer Fehlermeldung des Linkers.

Während des Link-Vorgangs werden unter C keinerlei Datentypen überprüft. Daher führt die Angabe eines inkorrekten Typs, wie

```
extern long anzahlDurchlaeufe;
```

in einer anderen Quelldatei nicht zu einer Fehlermeldung. Die Interpretation als `long` führt jedoch zu einem Fehlverhalten, da das globale Datum `anzahlDurchlaeufe` lediglich die Größe des Typs `int` aufweist. Dabei können unbeabsichtigt anderen Variablen zugeordnete Speicherzellen zerstört werden.

Vorteilhaft ist es daher, lediglich an einer Stelle den Typ eines globalen Datums anzugeben. Dazu kann in einer Headerdatei folgende Makrodefinition verwendet werden :

EXTERN

```
#ifdef VAR
   #define EXTERN
#else
```

```
    #define EXTERN extern
#endif
...
EXTERN int anzahlDurchlaefe;
...
#undef EXTERN
```

In genau einer der Quelldateien ist nun eine Makrodefinition mit dem Namen VAR anzugeben und danach die fragliche Headerdatei einzubinden.

```
...
#define VAR
#include HEADER.H /* Die fragl. H.-Datei */
...
```

Die Typisierung wird nun, wie gewünscht, zentral an einer Stelle vorgenommen. Einschränkend bei diesem Vorgehen ist lediglich, daß keine Initialisierung innerhalb der Variablendefinition möglich ist.

Initialisierung

Bei der Verwendung von globalen Daten ist es sinnvoll, eine zentrale Funktion zur Initialisierung vorzusehen, die zum Start des Programms aufgerufen wird. Damit ist es insbesondere möglich dynamische Variablen einzurichten, Dateien zu öffnen etc. . Beim Verlassen des Programms gilt es dann ein Gegenstück zu dieser Funktion aufzurufen, dessen Aufgabe es ist, die dynamisch reservierten Speicherbereiche wieder freizugeben, die geöffneten Dateien zu schließen etc. . Wird von der Möglichkeit Gebrauch gemacht, über die Funktion `exit()` das Programm vorzeitig zu verlassen, kann über die Funktion `atexit()` dem System die aufzurufende Funktion mitgeteilt werden.

Wichtig ist, daß den Zeigern bereits freigegebener Speicherbereiche und den Dateizeigern geschlossener Dateien der Wert Null zugewiesen wurde. Damit kann ein erneutes Freigeben bzw. Schließen vermieden werden, siehe auch das Kapitel zur dynamischen Speicherverwaltung. Bei dem Umgang mit Dateien ist es sinnvoll, diese möglichst schnell wieder zu schließen. Damit wird eventuellen Datenverlusten z.B. bei Absturz des Programms vorgebeugt, da Dateien dem System nur zugänglich sind, wenn sie nach dem Öffnen auch wieder geschlossen wurden.

Quellcode sollte in einer Headerdatei nur in Ausnahmefällen enthalten sein. Immer dann, wenn ein und dieselbe Vereinbarung, z.B. Typdeklarationen, Makrodefinitionen, etc., in unterschiedlichen Quelldateien benötigt wird, sollte diese nicht mehrfach wiederholt, sondern in einer Headerdatei untergebracht werden. Diese Headerdatei wird dann mehrfach in verschiedene Dateien eingebunden.

***.h**

Enthält eine Headerdatei wiederum eine Anweisung zur Einbindung einer weiteren Headerdatei, so kann es passieren, daß innerhalb einer Quelldatei eine Headerdatei mehrfach eingebunden wird. Liegt ein solcher Fall vor, kann es, neben der Verlängerung der Übersetzungszeit, zu einem Fehlerfall kommen. Daher sollte diese Mehrfacheinbindung über geeignete Präprozessoranweisungen vermieden werden. Für die Datei `header.h` bieten sich die folgenden Definitionen an:

Mehrfach-einbindung

```
#ifndef __HEADER_H /* nicht #ifdef ! */
#define __HEADER_H


...        /* eigentl. Inhalt der Datei */
#endif  /* Ende der Datei */
```

Dem Modulgedanken entspricht in C die Beschränkung der Sichtbarkeit auf eine Quelldatei. Damit ist ein Modul einer Quelldatei gleichzusetzen. Ein Modul sollte immer einen gekapselten Aspekt eines Programms beinhalten. Ziel ist es, die externen Bezüge eines Moduls zu minimieren. In C kann nicht angegeben werden, welches Element zum Gebrauch in einem anderen Modul verfügbar sein soll. Sämtliche Elemente eines anderen Moduls können über eine entsprechende Deklaration mit dem vorgestellten Schlüsselwort `extern` importiert werden.

Modul

Obwohl auch Daten über die Verwendung von `extern` aus anderen Modulen angesprochen werden können, bietet die Kommunikation zwischen verschiedenen Modulen über Funktionen eine gesteigerte Sicherheit. Dabei hilft der aktive Charakter der Funktionen, der eine Kontrolle jedes Moduls auf den Zugriff seiner privaten Daten ermöglicht. Verfolgt man konsequent den Weg der Kapselung von Funktionen, liegen sogenannte abstrakte Daten vor, ein Thema eines der nachfolgenden Kapitel.

Bibliotheken

Bibliotheken beinhalten eine Sammlung von Funktionen, die für weitere Programme bereitgestellt werden. Im Regelfall sind diese Funktionen getestet und von universellem Interesse. Zu jeder Bibliothek gehören eine oder mehrere Headerdateien, in denen Funktionsdeklarationen, Typvereinbarungen, etc., enthalten sind. Zur Bildung von Bibliotheken und der Verwaltung der darin enthaltenen Funktionen bieten die unterschiedlichen Entwicklungsumgebungen entsprechende Werkzeuge.

Bibliotheken können auch für eigene Funktionen Anwendung finden. Dazu bieten sich jedoch lediglich Funktionen an, die bereits ausreichend erprobt sind und in verschiedenen Projekten weiterverwendet werden sollen. Es können z.B. Bibliotheken zur Regelungstechnik, Benutzerkommunikation, etc. gebildet werden. Zunächst ist der Funktionsumfang festzulegen, dann entsprechende Headerdateien zu erstellen und im letzten Schritt die Bibliothek aus den einzelnen Objektmodulen zu bilden. Basis der Objektmodule sind die Quelldateien, welche entsprechende Funktionsdefinitionen enthalten. Wichtig ist es, zu jeder Bibliothek eine Dokumentation zu erstellen, die die Benutzung der Bibliothek erst ermöglicht.

Abstrakte Datentypen

Die Daten sind für den Zustand eines Systems verantwortlich. Dabei können Abhängigkeiten zu

- anderen Daten und

- dem externen Prozeßzustand auftreten.

Ein Beispiel für eine externe Prozeßgröße mag die Position eines Werkzeugschlittens oder die Position des Cursors auf einem Bildschirm sein.

Eine Manipulation des Datums, welches die Position enthält führt zu Inkonsistenzen. Es ist dafür Sorge zu tragen, daß sich z.B. die Bewegung des Schlittens mit dem Zustand des entsprechenden Datums in Einklang befindet. Daher ist es sinnvoll das Datum `position` nicht direkt anzusprechen, sondern über eine Funktion, wie z.B. `bewegeSchlitten()`. Es wird in dem Beispiel davon ausgegangen, daß die Position des Schlittens nicht abgefragt werden kann.

Die Funktion `bewegeSchlitten()` hat dann wiederum die Aufgabe das Datum `position` dem aktuellen Prozeßzustand anzupassen und die Konsistenz der Daten zu gewährleisten. Ein analoges Vorgehen bietet sich an, wenn Abhängigkeiten zwischen zwei Variablen vorliegen. Dabei muß bei der Manipulation der einen das andere Datum angepaßt werden. Da Daten lediglich passive Elemente sind, bedarf es einer aktiven Einheit um die entsprechende Manipulation vornehmen zu können.

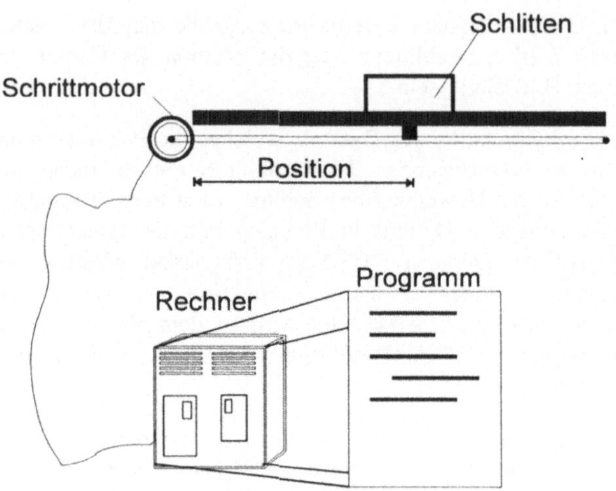

Abb. 3-1: Positionierung eines Schlittens

Kapselung

Abstrakte Daten sind Daten, die als Einheit nicht nur das eigentliche Datum sondern auch die dieses Datum manipulierenden Funktionen enthält. Damit wird der Aspekt der Kapselung erreicht. Liegt ein abstraktes Datum vor, kann das Datum lediglich über eine ihm zugeordnete Funktion verändert werden. Im unserem Beispiel würde das abstrakte Datum `schlitten` nicht nur das eigentliche Datum `position` enthalten, sondern auch noch die zugehörigen Funktionen, wie z.B. `bewegeSchlitten()`. So sinnvoll abstrakte Daten zur sicheren Programmierung auch sind, von C werden sie nicht unterstützt. Eine Verbesserung in dieser Hinsicht bietet die Sprache C++ / ELL 91/.

Abstraktes Datum: schlitten

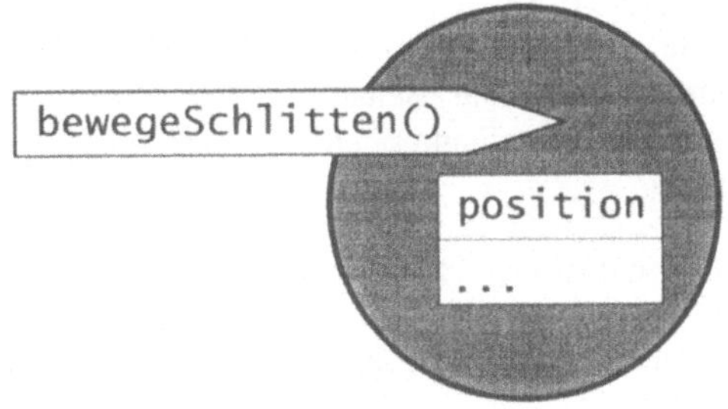

Abb. 3-2: Struktur eines abstrakten Datums

Um ein, den abstrakten Daten ähnliches, Verhalten in C zu realisieren, stehen verschiedene programmiertechnische Möglichkeiten zur Verfügung. Die abstrakten Daten bilden einen wichtigen Schritt hin zu einem natürlichen Design von Software. Maßstab in dieser Hinsicht ist die Objekt-orientierte Analyse /COA 91/ und Design /BOO 91/. Das C nicht explizit die Verwendung von Objekt-orientierten Elementen unterstützt, soll kein Argument sein, während der Analyse und Entwurfsphase auf die Vorzüge der Objekt-orientierten Modellierung zu verzichten. Ein Überblick über die Anwendung der Objekt-orientierten Programmierung in der Automatisierungstechnik ist /FIE 91/ zu entnehmen.

In unserem Beispiel enthält das abstrakte Datum `schlitten` lediglich eine Funktion. Damit kann das Verhalten eines abstrakten Datums über eine Variable der Lebensdauer `static` erreicht werden.

static

```
void bewegeSchlitten( int newPos)
   { static int position;
     ... ; /* bewegen des Schlittens ... */
   position = newPos;
   }
```

Die Variable `position` ist lediglich für die Funktion `bewegeSchlitten()` sichtbar. Nachteilig ist, daß kein explizites Datum `schlitten` vorliegt, welches z.B. über `schlitten.bewege()` o.ä. anzusprechen wäre. Aber wie schon gesagt, C unterstützt im Gegensatz zu C++ keine abstrakten Daten. Die Behandlung mehrerer gleichartiger Schlitten ist über Funktionen mit verschiedenen Namen möglich.

Zurück zu dem Beispiel der Positionierung eines Schlittens. Zur Bewegung ist ein Schrittmotor vorgesehen, der eine definierte Bewegung von einem Bezugspunkt aus ermöglicht. Somit kann die Position gezielt angefahren werden, die der Funktion `bewegeSchlitten()` als Argument übergeben wird. Wichtig ist jedoch die Kenntnis eines definierten Ausgangszustandes.

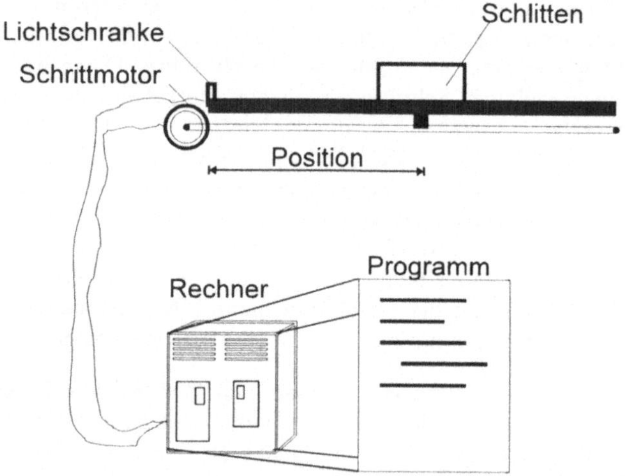

Abb. 3-3: Positionierung

Um einem definierten Ausgangszustand anfahren zu können, ist eine Lichtschranke vorgesehen. Die Funktion `resetSchlitten()` fährt den Schlitten so weit nach links, bis die Position Null erreicht ist.

```
void resetSchlitten()
  { while(!Lichtschranke())
      ... ; /* ein Schritt nach links */
    position = 0;
  }
```

Damit gehören zu dem abstrakten Datum Schlitten zwei
Funktionen, die beide auf die Variable `position`
zurückgreifen müssen.

Abstraktes Datum: schlitten

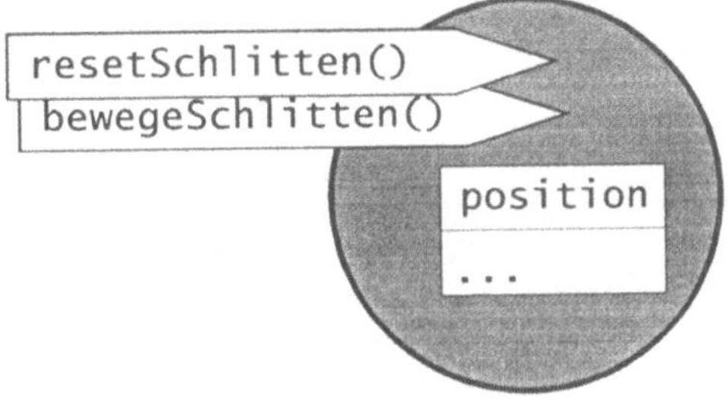

Abb. 3-4: Abstr. Datum `schlitten` mit zwei Funktionen

Hier bietet es sich an, in einer Datei bzw. einem Modul das
Datum und die zugehörigen Funktionen unterzubringen. Das
Datum `position` wird dann für diese Datei als globales
Datum ausgelegt.

```
/* Datei schlitten.c: */

#include "schlitten.h"
int position;
void bewegeSchlitten(int newPos)
  { ...
  }
void resetSchlitten()
```

```
    { ...
    }
```

Um aus einem anderen Modul auf die Einheit `schlitten` zuzugreifen, sind entsprechende Vereinbarungen notwendig. Diese sind in der Datei `schlitten.h` enthalten.

```
/* Datei: schlitten.h */

void bewegeSchlitten(int);
void resetSchlitten();
```

Der Zugriff aus einem anderen Modul heraus erfordert die Einbindung dieser Headerdatei.

```
#include "schlitten.h"

main()
  { ...
    resetSchlitten();
    ...
    bewegeSchlitten(aktPos);
    ...
  }
```

Da in der Headerdatei lediglich die Funktionsdeklarationen zum Zugriff auf das abstrakte Datum Schlitten vorhanden sind, kann das Datum `position` in dem Modul `schlitten` nicht ohne weitere Vereinbarungen verwendet werden. Die Konsistenz des internen Prozeßabbildes mit dem aktuellen Prozeßzustand ist sichergestellt.

Zusammenfassung

Unter Beachtung gewisser Regeln sind die Erkenntnisse des modernen Softwareengineering direkt in C umzusetzen. Dabei hilft der leistungsfähige Sprachumfang. Im Hinblick der Nutzung der Systemresourcen müssen keine Kompromisse eingegangen werden, mit C ist sowohl eine optimale Nutzung des Speichers als auch der Rechenleistung möglich.

Anhang

Register des Kommunikationsbausteins 8250

Tabelle: Registerübersicht des Bausteins 8250

DLAB	A2	A1	A0	Code	Register
0	0	0	0	RBR	Empfänger Halte-Register (nur lesen)
0	0	0	0	THR	Sender Halte-Register (nur schreiben)
0	0	0	1	IER	Interrupt Enable Register
X	0	1	0	IIR	Interrupt Identifikations Register (nur lesen)
X	0	1	1	LCR	Leitungs Control Register
X	1	0	0	MCR	Modem Control Register
X	1	0	1	LSR	Leitungs Status Register
X	1	1	0	MSR	Modem Status Register,
X	1	1	1	SCR	Scratch Register, 8 Bit Schreib-Lese-Register
1	0	0	0	DLL	Baudratengenerator, Teilerfaktor LSB
1	0	0	1	DLM	Baudratengenerator, Teilerfaktor MSB

Tabelle: Empfangsregister

7	6	5	4	3	2	1	0	Empfangsregister (nur Lesen) BaseAdr+0
x	x	x	x	x	x	x	x	8 Bit Datenwort

Tabelle: Sendehalteregister

7	6	5	4	3	2	1	0	Sendehalteregister (nur Schreiben) BaseAdr+0
x	x	x	x	x	x	x	x	8 Bit Datenwort

Tabelle: Interrupt-Enable Register

7	6	5	4	3	2	1	0	Interrupt Enable Register BaseAdr+1
0	0	0	0	x	x	x	1	Ermöglicht Interrupt bei ankommenden Daten
0	0	0	0	x	x	1	x	Ermöglicht einen Interrupt bei leeren Sendehalteregister
0	0	0	0	x	1	x	x	Ermöglicht Interrupt bei Leitungsstatus-änderungen
	0	0	0	1	x	x	x	Ermöglicht Interrupt bei Änderungen des Modemstatus.

Tabelle: Interrupt Identifikations Register

7	6	5	4	3	2	1	0	Interrupt Identifikationsregister BaseAdr+2
0	0	0	0	0	X	X	1	kein Interrupt
0	0	0	0	0	1	1	0	Empfänger Status Interrupt durch Overrun-Fehler, Parity-Fehler, Framing-Fehler oder Interruptabbruch. - Interrupt durch lesen von LSR beenden
0	0	0	0	0	1	0	0	Interrupt durch neues Datenwort - RBR, und damit Datenwort lesen
0	0	0	0	0	0	1	0	Interrupt durch freies Sende-Halte-Register - neues Byte durch schreiben in das THR versenden
0	0	0	0	0	0	0	0	Modem Status Interrupt durch \CTS, \DSR, \RI oder \DCD - Interruptquelle durch lesen des MSR ermitteln.

Tabelle: Leitungskontroll Register

7	6	5	4	3	2	1	0	Leitungs Kontroll Register BaseAdr+3
x	x	x	x	x	x	0	0	Wortlänge 5 Bit
x	x	x	x	x	x	0	1	Wortlänge 6 Bit
x	x	x	x	x	x	1	0	Wortlänge 7 Bit
x	x	x	x	x	x	1	1	Wortlänge 8 Bit
x	x	x	x	x	0	x	x	Es wird immer ein Stopbit erzeugt
x	x	x	x	x	1	x	x	Bei 5 Datenbits werden 1½ Stopbits erzeugt, sonst 2 Stopbits
x	x	x	x	0	x	x	x	Kein Paritäts-Bit
x	x	x	0	1	x	x	x	ungerade Parität
x	x	x	1	1	x	x	x	gerade Parität
x	x	1	x	1	x	x	x	Die Parität der vorhergenden Paritätseinstellung wird invertiert
x	1	x	x	x	x	x	x	Unterbricht die Sendeprozedur wenn logisch 1 gesetzt.
0	x	x	x	x	x	x	x	Bit 7 muß logisch 0 sein um RBR, THR und IER lesen oder schreiben zu können.
1	x	x	x	x	x	x	x	Bit 7 muß 1 sein um die Teilerregister des Baudratengenerators ansprechen zu können.

Tabelle: Modemkontroll Register

7	6	5	4	3	2	1	0	Modem Kontroll Register BaseAdr+4
0	0	0	x	x	x	x	0	\DTR Ausgang ist HIGH
0	0	0	x	x	x	x	1	\DTR Ausgang ist LOW
0	0	0	x	x	x	0	x	\RTS Ausgang ist HIGH
0	0	0	x	x	x	1	x	\RTS Ausgang ist LOW
0	0	0	x	x	0	x	x	\OUT1 Ausgang ist HIGH
0	0	0	x	x	1	x	x	\OUT1 Ausgang ist LOW
0	0	0	x	0	x	x	x	\OUT2 Ausgang ist HIGH
0	0	0	x	1	x	x	x	\OUT2 Ausgang ist LOW
0	0	0	0	x	x	x	x	LOOP ist ermöglicht
0	0	0	1	x	x	x	x	LOOP ist nicht möglich

Tabelle: Leitungsstatus Register

7	6	5	4	3	2	1	0	Leitungs Status Register BaseAdr+5
0	x	x	x	x	x	x	1	DR / ist HIGH wenn ein Byte in den Empfangsbuffer geschrieben wurde
0	x	x	x	x	x	1	x	OE / Überlauffehler, zeigt an, daß noch nicht gelesene Daten überschrieben wurden.
0	x	x	x	x	1	x	x	PE / wird HIGH wenn ein Paritätsfehler erkannt wurde
0	x	x	x	1	x	x	x	FE / Zeigt bei HIGH an, daß kein gültiges Stopbit erkannt wurde
0	x	x	1	x	x	x	x	BI / Break Interrupt wird High wenn länger als eine Ein-Wort-Übertragung der Dateneingang auf logisch 0 gehalten wurde.
0	x	1	x	x	x	x	x	THRE / Baustein ist bereit neue Daten zu senden
0	1	x	x	x	x	x	x	TEMT / wird HIGH wenn sowohl THR als auch TSR leer sind.

Tabelle: Modem Status Register

7	6	5	4	3	2	1	0	Modem Status Register BaseAdr+6
x	x	x	x	x	x	x	1	DCTS / zeigt an, daß \CTS seinen Status gewechselt hat
x	x	x	x	x	x	1	x	DDSR / zeigt an, daß \DSR seinen Status gewechselt hat
x	x	x	x	x	1	x	x	TERI / zeigt an, daß \RI von LOW nach HIGH gewechselt hat
x	x	x	x	1	x	x	x	DDCD / zeigt an, daß \DCD seinen Status gewechselt hat
x	x	x	1	x	x	x	x	CTS / zeigt den Status von \CTS an
x	x	1	x	x	x	x	x	DSR / zeigt den Status von \DSR an
x	1	x	x	x	x	x	x	RI / zeigt den Status von \RI an
1	x	x	x	x	x	x	x	DCD / zeigt den Status von \DCD an

Tabelle: Scratch Register

7	6	5	4	3	2	1	0	Scratch Register BaseAdr+7
x	x	x	x	x	x	x	x	8-Bit Datenwort

259

Tabelle: Baudraten Register

7	6	5	4	3	2	1	0	Baudraten Register BaseAdr+0/ DLAB = 1 für Low-Byte BaseAdr+1/ DLAb = 1 für High-Byte
x	x	x	x	x	x	x	x	8-Bit Wort Low-Byte oder High-Byte

ANSI-C Funktionsübersicht

Quelle: /BOR 91/, /KER 88/ und /MAG 92/

Tabelle: ANSI-C Funktionsübersicht

Funktions-name	PO-SIX	UNIX V7	UNIX S.V 3	NeXT GNU-C	MI-NIX V.1.5	Cohe-rent V.3.2	DOS MSC 6.0	DOS BC 3.1	Atari TC 2.0
abort	X	X	X	X	X	X	X	X	X
abs	X	X	X	X	X	X	X	X	X
acos	X	X	X	X		X	X	X	X
asctime	X	X	X	X	X	X	X	X	X
asin	X	X	X	X		X	X	X	X
assert	X	X	X	X	X	X	X	X	X
atan	X	X	X	X		X	X	X	X
atan2	X	X	X	X		X	X	X	X
atexit							X	X	X
atof	X	X	X	X		X	X	X	X
atoi	X	X	X	X	X	X	X	X	X
	POSIX	UNIX V7	UNIX S.V 3	NeXT GNU-C	MINIX V.1.5	Cohe-rent V.3.2	Dos MSC 6.0	Dos BC 3.1	Atari TC 2.0
bsearch	X				X	X	X	X	X
	POSIX	UNIX V7	UNIX S.V 3	NeXT GNU-C	MINIX V.1.5	Cohe-rent V.3.2	Dos MSC 6.0	Dos BC 3.1	Atari TC 2.0
calloc	X	X	X	X	X	X	X	X	X
ceil	X	X	X	X		X	X	X	X
clearerr	X	X	X	X		X	X	X	X
clock			X				X	X	X
cos	X	X	X	X	X	X	X	X	X
cosh	X	X	X	X		X	X	X	X
ctime	X	X	X	X	X	X	X	X	
	POSIX	UNIX V7	UNIX S.V 3	NeXT GNU-C	MINIX V.1.5	Cohe-rent V.3.2	Dos MSC 6.0	Dos BC 3.1	Atari TC 2.0
difftime							X	X	X
div							X	X	X
	POSIX	UNIX V7	UNIX S.V 3	NeXT GNU-C	MINIX V.1.5	Cohe-rent V.3.2	Dos MSC 6.0	Dos BC 3.1	Atari TC 2.0
exit	X	X	X	X	X	X	X	X	X

	POSIX	UNIX V7	UNIX S.V 3	NeXT GNU-C	MINIX V.1.5	Cohe-rent V.3.2	Dos MSC 6.0	Dos BC 3.1	Atari TC 2.0
exp	X	X	X	X		X	X	X	X
fabs	X	X	X	X		X	X	X	X
fclose	X	X	X	X	X	X	X	X	X
feof	X	X	X	X		X	X	X	X
ferror	X	X	X	X		X	X	X	X
fflush	X	X	X	X	X	X	X	X	X
fgetc	X	X	X	X	X	X	X	X	X
fgetpos							X	X	X
fgets	X	X	X	X	X	X	X	X	X
floor	X	X	X	X		X	X	X	X
fmod	X		X				X	X	X
fopen	X	X	X	X	X	X	X	X	X
fprintf	X	X	X	X	X	X	X	X	X
fputc	X	X	X	X	X	X	X	X	X
fread	X	X	X	X	X	X	X	X	X
free	X	X	X	X	X	X	X	X	X
freopen	X	X	X	X	X	X	X	X	X
frexp	X	X	X	X	X	X	X	X	X
fscanf	X	X	X	X	X	X	X	X	X
fseek	X	X	X	X	X	X	X	X	X
fsetpos						X		X	X
ftell	X	X	X	X	X	X	X	X	X
fwrite	X	X	X	X	X	X	X	X	X
	POSIX	UNIX V7	UNIX S.V 3	NeXT GNU-C	MINIX V 1 5	Cohe-rent V.3.2	Dos MSC 6.0	Dos BC 3.1	Atari TC 2.0
getc	X	X	X	X	X	X	X	X	X
getchar	X	X	X	X	X	X	X	X	X
getenv	X	X	X	X	X	X	X	X	X
gets	X	X	X	X	X	X	X	X	X
gmtime	X	X	X	X	X	X	X	X	
	POSIX	UNIX V7	UNIX S.V 3	NeXT GNU-C	MINIX V.1.5	Cohe-rent V.3.2	Dos MSC 6.0	Dos BC 3.1	Atari TC 2.0
isalnum	X	X	X	X	X	X	X	X	X
isalpha	X	X	X	X	X	X	X	X	X
iscntrl	X	X	X	X	X	X	X	X	X
isdigit	X	X	X	X	X	X	X	X	X
isgraph	X		X		X		X	X	X
islower	X	X	X	X	X	X	X	X	X

	POSIX	UNIX V7	UNIX S.V 3	NeXT GNU-C	MINIX V.1.5	Cohe-rent V.3.2	Dos MSC 6.0	Dos BC 3.1	Atari TC 2.0
isprint	X	X	X	X	X	X	X	X	X
ispunct	X	X	X	X	X	X	X	X	X
isspace	X	X	X	X	X	X	X	X	X
isupper	X	X	X	X	X	X	X	X	X
isxdigit	X		X	X	X		X	X	X
labs							X	X	X
ldexp	X	X	X	X		X	X	X	X
ldiv						X	X	X	X
localeconv							X	X	
localtime	X	X	X	X	X	X	X	X	X
log	X	X	X	X		X	X	X	X
log10	X		X	X		X	X	X	X
longjmp	X	X	X	X	X	X	X	X	X
lseek	X	X	X	X	X	X	X	X	X
malloc	X	X	X	X	X	X	X	X	X
memchr			X		X	X	X	X	X
memcmp			X		X	X	X	X	X
memcpy			X		X	X	X	X	X
memmove					X	X	X	X	X
memset			X		X	X	X	X	X
mktime					X		X	X	X
modf	X	X	X		X	X	X	X	X
onexit							X		
perror	X	X	X	X	X	X	X	X	X
pow	X	X	X	X		X	X	X	X
printf	X	X	X	X	X	X	X	X	X
putc	X	X	X	X	X	X	X	X	X
putchar	X	X	X	X	X	X	X	X	X
puts	X	X	X	X	X	X	X	X	X
qsort	X	X	X	X	X	X	X	X	X

	POSIX	UNIX V7	UNIX S.V 3	NeXT GNU-C	MINIX V.1.5	Cohe-rent V.3.2	Dos MSC 6.0	Dos BC 3.1	Atari TC 2.0
rand	X	X	X	X	X	X	X	X	X
realloc	X	X	X	X	X	X	X	X	X
remove	X			X			X	X	X
rename	X			X	X	X	X	X	X
rewind	X	X	X	X	X	X	X	X	X
	POSIX	UNIX V7	UNIX S.V 3	NeXT GNU-C	MINIX V.1.5	Cohe-rent V.3.2	Dos MSC 6.0	Dos BC 3.1	Atari TC 2.0
scanf	X	X	X	X	X	X	X	X	X
setbuf	X	X	X	X	X	X	X	X	X
setjmp	X	X	X	X	X	X	X	X	X
setlocale							X	X	
setvbuf			X	X			X	X	X
signal	X	X	X	X	X	X	X	X	X
sin	X	X	X	X	X	X	X	X	X
sinh	X	X	X	X		X	X	X	X
sprintf	X	X	X	X	X	X	X	X	X
sqrt	X	X	X	X		X	X	X	X
srand	X	X	X	X	X	X	X	X	X
sscanf	X	X	X	X	X	X	X	X	X
strcat	X	X	X	X	X	X	X	X	X
strchr	X		X		X	X	X	X	X
strcmp	X	X	X	X	X	X	X	X	X
strcoll					X	X	X	X	
strcpy	X	X	X	X	X	X	X	X	X
strcspn	X		X		X	X	X	X	X
strerror				X	X	X	X	X	X
strlen	X	X	X	X	X	X	X	X	X
strncat	X	X	X	X	X	X	X	X	X
strncmp	X	X	X	X	X	X	X	X	X
strncpy	X	X	X	X	X	X	X	X	X
strpbrk	X		X		X	X	X	X	X
strrchr	X		X		X	X	X	X	X
strspn	X		X		X	X	X	X	X
strstr	X				X	X	X	X	X
strtod			X				X	X	X
strtok	X		X		X	X	X	X	X
strtol			X		X		X	X	X
strtoul					X		X	X	X
strxfrm					X	X		X	

system	X	X	X	X	X	X	X	X	X
	POSIX	UNIX V7	UNIX S.V 3	NeXT GNU-C	MINIX V.1.5	Cohe-rent V.3.2	Dos MSC 6.0	Dos BC 3.1	Atari TC 2.0
tan	X	X	X	X		X	X	X	X
tanh	X	X	X	X		X	X	X	X
time	X	X	X	X	X	X	X	X	X
tmpfile	X		X	X			X	X	X
tmpnam	X		X	X	X	X	X	X	
tolower	X		X	X	X	X	X	X	X
toupper	X		X	X	X	X	X	X	X
	POSIX	UNIX V7	UNIX S.V 3	NeXT GNU-C	MINIX V.1.5	Cohe-rent V.3.2	Dos MSC 6.0	Dos BC 3.1	Atari TC 2.0
ungetc	X	X	X	X	X	X	X	X	X
	POSIX	UNIX V7	UNIX S.V 3	NeXT GNU-C	MINIX V.1.5	Cohe-rent V.3.2	Dos MSC 6.0	Dos BC 3.1	Atari TC 2.0
vfprintf			X	X	X		X	X	X
vprintf			X	X			X	X	X
vsprintf			X	X	X		X	X	X

Erweiterte ASCII-Zeichentabelle (IBM-PC)

Tabelle: Erweiterter ASCII-Zeichensatz Teil 1

DEC	HEX	Char	DEC	HEX	Char	DEC	HEX	Char
0	0		43	2B	+	86	56	V
1	1		44	2C	'	87	57	W
2	2		45	2D	-	88	58	X
3	3	♥	46	2E	.	89	59	Y
4	4	♦	47	2F	/	90	5A	Z
5	5	♣	48	30	0	91	5B	[
6	6	♠	49	31	1	92	5C	\
7	7	•	50	32	2	93	5D	]
8	8		51	33	3	94	5E	^
9	9		52	34	4	95	5F	_
10	A		53	35	5	96	60	`
11	B		54	36	6	97	61	a
12	C		55	37	7	98	62	b
13	D		56	38	8	99	63	c
14	E		57	39	9	100	64	d
15	F		58	3A	:	101	65	e
16	10		59	3B	;	102	66	f
17	11		60	3C	<	103	67	g
18	12		61	3D	=	104	68	h
19	13		62	3E	>	105	69	i
20	14		63	3F	?	106	6A	j
21	15		64	40	@	107	6B	k
22	16		65	41	A	108	6C	l
23	17		66	42	B	109	6D	m
24	18	↑	67	43	C	110	6E	n
25	19	↓	68	44	D	111	6F	o
26	1A	→	69	45	E	112	70	p
27	1B	←	70	46	F	113	71	q
28	1C		71	47	G	114	72	r
29	1D		72	48	H	115	73	s
30	1E		73	49	I	116	74	t
31	1F		74	4A	J	117	75	u
32	20		75	4B	K	118	76	v
33	21	!	76	4C	L	119	77	w

34	22	"	77	4D	M	120	78	x
35	23	#	78	4E	N	121	79	y
36	24	$	79	4F	O	122	7A	z
37	25	%	80	50	P	123	7B	{
38	26	&	81	51	Q	124	7C		
39	27	'	82	52	R	125	7D	}
40	28	(	83	53	S	126	7E	~
41	29	)	84	54	T	127	7F	
42	2A	*	85	55	U			

Tabelle: Erweiterter ASCII-Zeichensatz Teil 2

DEC	HEX	Char	DEC	HEX	Char	DEC	HEX	Char
128	80	Ç	171	AB	½	214	D6	Ö
129	81	ü	172	AC	¼	215	D7	×
130	82	è	173	AD	¡	216	D8	ø
131	83	â	174	AE	«	217	D9	Ù
132	84	ä	175	AF	»	218	DA	Ú
133	85	à	176	B0	°	219	DB	Û
134	86	å	177	B1	±	220	DC	Ü
135	87	ç	178	B2	²	221	DD	Ý
136	88	ê	179	B3	³	222	DE	Þ
137	89	ë	180	B4	´	223	DF	ß
138	8A	è	181	B5	µ	224	E0	α
139	8B	ï	182	B6	¶	225	E1	β
140	8C	î	183	B7	·	226	E2	Γ
141	8D	ì	184	B8	¸	227	E3	π
142	8E	Ä	185	B9	¹	228	E4	Σ
143	8F	Å	186	BA	º	229	E5	σ
144	90	É	187	BB	»	230	E6	μ
145	91	œ	188	BC	¼	231	E7	τ
146	92	Æ	189	BD	½	232	E8	ϕ
147	93	ô	190	BE	¾	233	E9	Φ
148	94	ö	191	BF	¿	234	EA	Ω
149	95	ò	192	C0	À	235	EB	δ
150	96	û	193	C1	Á	236	EC	∞
151	97	ù	194	C2	Â	237	ED	$\varnothing$
152	98	ÿ	195	C3	Ã	238	EE	ε
153	99	Ö	196	C4	Ä	239	EF	$\cap$

154	9A	Ü	197	C5	Å	240	F0	≡
155	9B	¢	198	C6	Æ	241	F1	±
156	9C	£	199	C7	Ç	242	F2	≥
157	9D	¥	200	C8	È	243	F3	≤
158	9E		201	C9	É	244	F4	⌠
159	9F	ƒ	202	CA	Ê	245	F5	⌡
160	A0	á	203	CB	Ë	246	F6	÷
161	A1	í	204	CC	Ì	247	F7	≈
162	A2	ó	205	CD	Í	248	F8	°
163	A3	ú	206	CE	Î	249	F9	•
164	A4	ñ	207	CF	Ï	250	FA	·
165	A5	Ñ	208	D0	Ð	251	FB	√
166	A6		209	D1	Ñ	252	FC	
167	A7		210	D2	Ò	253	FD	²
168	A8	¿	211	D3	Ó	254	FE	
169	A9		212	D4	Ô	255	FF	
170	AA	¬	213	D5	Õ			

Lösungen zu den Übungsaufgaben

Übungsaufgabe 1:

```c
#include <stdio.h>

int leseZahl();
void zeichneBalken(int);

int leseZahl()
  { int z;
    scanf("%d",&z);
    return z;
  }

void zeichneBalken(int z)
  { int i;
    printf("\r\n");
    for(i=0;i<z;i++)
      {  printf("*");
      }
    printf(" Wert:%d\r\n",z);
  }

main()
  { int z1,z2,z3,z4;
    z1=leseZahl();
    z2=leseZahl();
    z3=leseZahl();
    z4=leseZahl();
    zeichneBalken(z1);
    zeichneBalken(z2);
    zeichneBalken(z3);
    zeichneBalken(z4);
    return 0;
  }
```

Übungsaufgabe 2

Der Wertebereich des Typ `int` geht von -32767 bis 32766. Damit liegt der Wert 40000 außerhalb dieses Bereichs. Der Datentyp `int` ist also nicht ausreichend.

Den geforderten Wertebereich decken z.B. die ganzzahligen Typen `unsigned int` oder `long` ab.

Übungsaufgabe 3

```c
#include <stdio.h>

int leseZahl();
void zeichneBalken(int);
void zeichneMittelWert(int);
int mittelWert( int, int, int, int);

int leseZahl()
  { int z;
    scanf("%d",&z);
    return z;
  }

void zeichneBalken(int z)
  { int i;
    printf("\r\n");
    for(i=0;i<z;i++)
      {  printf("*");
      }
    printf(" Wert:%d\r\n",z);
  }

void zeichneMittelWert(int z)
```

```c
{ int i;
  printf("\r\n");
  for(i=0;i<z;i++)
    {  printf("*");
    }
  printf(" Mittelwert:%d\r\n",z);
}

int mittelWert(int i1, int i2, int i3, int i4)
  { long mw = i1 + i2 + i3 +i4;
    return (int)(mw / 4);
  }

main()
  { int z1,z2,z3,z4;
    int mittelwert;

    z1=leseZahl();
    z2=leseZahl();
    z3=leseZahl();
    z4=leseZahl();

    mittelwert=mittelWert(z1,z2,z3,z4);

    zeichneBalken(z1);
    zeichneBalken(z2);
    zeichneBalken(z3);
    zeichneBalken(z4);
    zeichneMittelWert(mittelwert);
    return 0;
  }
```

Übungsaufgabe 4

```c
#include <stdio.h>

int leseZahl();
void zeichneBalken(int, int);
void zeichneMittelWert(int);
int mittelWert( int, int, int, int);

int leseZahl()
  { int z;
    scanf("%d",&z);
    return z;
  }

void zeichneBalken(int z, int mw)
  { int i;
    printf("\r\n");
    for(i=1;i<=z;i++)
      { if(i == mw)
    printf("M");
        else
    printf("*");
      }
    if( (i-1) <mw)
      { for( ;i<mw;i++)
    printf(" ");
        printf("M");
      }
    printf(" Wert:%d\r\n",z);
  }

void zeichneMittelWert(int z)
  { int i;
    printf("\r\n");
    for(i=0;i<z;i++)
```

```
       {  printf("*");
        }
    printf(" Mittelwert:%d\r\n",z);
  }


int mittelWert(int i1, int i2, int i3, int i4)
  { long mw = i1 + i2 + i3 +i4;
    return (int)(mw / 4);
  }


main()
  { int z1,z2,z3,z4;
    int mittelwert;

    z1=leseZahl();
    z2=leseZahl();
    z3=leseZahl();
    z4=leseZahl();

    mittelwert=mittelWert(z1,z2,z3,z4);

    zeichneBalken(z1, mittelwert);
    zeichneBalken(z2, mittelwert);
    zeichneBalken(z3, mittelwert);
    zeichneBalken(z4, mittelwert);
    zeichneMittelWert(mittelwert); /* kann wegfallen */
    return 0;
  }
```

Literaturverzeichnis

/BOO 91/ Object-oriented Design with Applications
G. Booch
Benjamin-Cummings, Redwood City, USA, 1991

/BOR 91/ Handbuch zu BORLANDC 3.0
Borland GmbH
Borland GmbH, München, 1991

/COA 91/ Object-oriented Analysis
Yourdon Press, New Jersey, USA, 1991

/ELL 90/ The annotated C++ Reference Manual
M. A. Ellis, B. Stroustrup
Addision-Wesley Publishing Company, Reading, USA, 1990

/FIE 91/ Objekt-orientierte Programmierung in der Automatisierung
J. Fiedler, K.F. Rix, H. Zöller
VDI-Verlag, Düsseldorf, 1991

/KER 88/ The C Programming Language, 2. Edition
B. W. Kernighan, D. M. Ritchie
Prentice Hall, Englewood Cliffs, USA, 1988

/MAG 92/ Magazin für Computertechnik
Ausgabe 1/92, Kartei
Heise Verlag, Hannover, 1992

/ WAR 91/ Strukturierte Systemanalyse von Echtzeit-Systemen
Paul T. Ward, Stephen J. Mellor
Carl Hanser Verlag, München, 1991

Index

#

#define, 27

#else, 30

#endif, 30

#ifdef, 30

A

A/D-Umsetzer, 170

Abfragebetrieb, 230

Abstrakte Daten, 250

Abtastfrequenz, 216

Abtastreglung, 221

Adreßberechnung, 82

Adreßoperator, 73

Analyse, 18; 236

Anker, 202

ANSI-Norm, 1

Anweisung, 14

Array, 53

ASCII-Codierung, 9

Asynchrone Übertragung, 163

B

Basistypen, 6

Bedienerführung, 225

bedingte Übersetzung, 30

Bereichsüberprüfung, 83

Betriebssystem, 111

Binder, 2

Bitfeld, 68

Bitoperationen, 35

Block, 14

break, 41

bsearch(), 133

Buchstabe, 112

Buchstaben, 8

C

calloc(), 106

Casting, 15

const, 11

D

D-Regler, 215

Datei, 128

Dateiverwaltung, 118

Dateizeiger, 127

Datenbreite, 7

Datenspeicher, 179

Datenstack, 180

Datenstruktur, 196

Datentyp, 72

Datentypen, 6

DDC, 218

Deklaration, 12

Dekrement, 36

Dereferenzoperator, 73; 86

Design, 18

Digitaler Regler, 216

Digitalregler, 212

disable(), 142

do...while(), 43

double, 10

Drucker, 163

dynamische Speicheranforderung, 108

dynamische Variable, 102

E

E/A-Baustein, 138

Echtzeitsystem, 236

Echtzeituhr, 143

Einbinden von Dateien, 29

Eingabefeld, 88

enable(), 142

enum, 63

Ereigniszähler, 143

exit(), 132

F

Far Pointer, 193

Fehlerquelle, 76

Fehlerquellen, 237

Feld, 53; 54

Feldzugriffsoperators, 87

fgets(), 128

FIFO, 190

FIFO-Datenbuffer, 182

FILE, 126

Fließkommazahlen, 10

float, 10

fopen(), 126

FOPEN_MAX, 128

for(), 45

Formatbezeichner, 120

Formatzeichenkette, 119

fprintf(), 126

Fragmentierung, 108

free(), 105

fscanf(), 126

Funktion, 4; 13

Funktionsaufruf, 14; 17

Funktionsprototyp, 13

G

getchar(), 43

getkey(), 228

getvect(), 142

Gleitpunktzahlen, 10

Grenzfrequenz, 171

Gültigkeit, 15

H

Headerdatei, 109; 111; 243

Heap, 102

I

I/O-Port, 139

if()...else, 37

Impulsgenerator, 143

include, 29

Index, 53

Initialisierung, 12; 166

Inkonsistenz, 249

Inkrement, 36

inport(), 138

int, 7

Integralregler, 214

Interrupt, 140; 168

interrupt, 141

Interruptroutine, 224

K

kbhit(), 228

Kommentar, 12

Kommunikationsadapter, 163

Konstante, 11

Kontrollfluß, 37

Kopieren, 114

L

Laufzeitoptimierung, 239

Lebensdauer, 15; 16; 57

Linker, 2

Liste, 198

LValue, 34

M

main(), 5

Makro, 26

Makrodefinition, 28

Makroname, 28

malloc(), 103

Maschinendatensatz, 86

Maschinensprache, 241

memcpy(), 85; 97

memmove(), 115

memset(), 115

Meßreihe, 121; 129

Mikrokontroller, 109; 133

Mikroprozessor, 67

Mittelwert, 210

Modul, 248; 254

Moduszeichenkette, 127

Multibytebuchstaben, 9

N

Name, 3

Null Pointer Assignment, 75

NULL-Zeiger, 103

Nullzeiger, 74; 127

O

Offset, 139

On-Line Hilfe, 1

Operator, 32

outport(), 138

P

P-Regler, 213
parallele Schnittstelle, 150
Parameter, 13
Peripherie, 150
PID-Verhalten, 212
Polling, 230
Portbaustein, 152
Präprozessor, 26
printf(), 118
Priorität, 32
Proportionalbereich, 213
Prozeß, 171
Prozeßereignis, 140

Q

qsort(), 133
Qualifizierer, 7

R

realloc(), 107
Reentranz, 102
Referenz, 72
Regelabweichung, 214
Registersatz, 166
Regler, 212
Rekursion, 102
return, 15
Ringbuffer, 186

RS-232-C, 164
Rückgabewert, 13

S

Sample and Hold, 171
scanf(), 122
Schlüsselworte, 3
Schnittstellen, 138
Schrittmotor, 143
Segment, 139
Seiteneffekte, 102
serielle Schnittstelle, 163
setvect(), 142
size_t, 103
sizeof(), 52
Softwareentwicklung, 236
Speicher, 188
Speichermodell, 193
Speicherverwaltung, 104
Stack, 78; 238
Standardbibliothek, 109
Stapelspeicher, 180
static, 16; 57; 102
Statistik, 210
stddef.h, 110
strcat(), 116
strcpy(), 97
stricmp(), 132
String, 113
strlen(), 94; 117

strncpy(), 115
struct, 48
Struktur, 48
Suchen, 114
switch(), 40

T

Tastaturabfrage, 229
Tastaturereignis, 227
Timer, 143
tolower(), 113
toupper(), 113
typedef, 61
Typkonvertierung, 15
Typprüfung, 124
Typzeichen, 120

U

Umlaute, 10
union, 65
Unterbrechnung, 12
unwahr, 35

V

V.24, 163
Verbunddatentyp, 48; 65

Vergleich, 114
Verzweigung, 37
void, 6; 84
volatile, 12
Vorrang, 32

W

Wandler, 170
Wertebereich, 111
while(), 42

Z

Zahlenkonstante, 12
Zählschleife, 45
Zeichenkette, 92; 113
Zeichenkettenkonstante, 93
Zeichensatz, 10
Zeiger, 72
Zeiger auf Funktionen, 87
Zeiger auf Zeiger, 85
Zeigerarithmetik, 81
Ziel, 114
Zuweisung, 76; 85; 95
Zykluszeit, 172; 224